数控加工编程及操作

主　　编　朱艳芳
副 主 编　高继军
参编人员　吴耀春　韩向可　何军只

西南师范大学出版社

内容提要

　　本书的主要内容包括：数控机床概述，数控加工程序编制基础，数控车床加工程序编制，数控车床加工操作，数控铣床加工程序编制，数控铣床的加工操作，加工中心程序的编制，加工中心的操作等。本书编写力求简洁易懂，够用为度，操作步骤清晰明了，重在应用，列举了较多的编程实例，各章都提供有相应的习题、思考题供学习时选用。

图书在版编目（CIP）数据

　　数控加工编程及操作/朱艳芳主编 . —重庆：西南师范
大学出版社，2008.6（2009．2再版）
21世纪高职高专系列规划教材
ISBN 978-7-5621-4130-3

　　Ⅰ. 数… Ⅱ. 朱… Ⅲ. 数控机床—程序设计—高等学校：
技术学校—教材 Ⅳ. TG659

　　中国版本图书馆 CIP 数据核字（2008）第 079528 号

21世纪高职高专系列规划教材
数控加工编程及操作

主　　编：朱艳芳
副 主 编：高继军
策　　划：周安平　卢　旭
责任编辑：张浩宇
封面设计：辉煌时代
出版发行：西南师范大学出版社
　　　　　地址：重庆市北碚区天生路1号
　　　　　邮编：400715　市场营销部电话：023—68868624
　　　　　网址：http：//www.xscbs.com
经　　销：全国新华书店
印　　刷：自贡新华印刷厂
开　　本：787mm×1092mm　1/16
印　　张：14
字　　数：340千
版　　次：2009年2月　第2版
印　　次：2009年2月　第1次印刷
书　　号：ISBN 978－7－5621－4130－3

定　　价：24.00元

编 写 说 明

作为高等教育的重要组成部分，高等职业教育是以培养具有一定理论知识和较强实践能力，面向生产、面向服务和管理第一线职业岗位的实用型、技能型专门人才为目的的职业技术教育，是职业技术教育的高等阶段。目前，高等职业教育教学改革已经从专业建设、课程建设延伸到了教材建设层面。根据国家教育部关于要求发展高等职业技术教育，培养职业技术人才的大纲要求，我们组织编写了这套《21 世纪高职高专系列规划教材》。本系列教材坚持以就业为导向，以能力为本位，以服务学生职业生涯发展为目标的指导思想，以与专业建设、课程建设、人才培养模式同步配套作为编写原则。

从专业建设角度，相对于普通高等教育的"学科性专业"，高等职业教育属于"技术性专业"。技术性专业的知识往往由与高新技术工作相关联的那些学科中的有关知识所构成，这种知识必须具有职业技术岗位的有效性、综合性和发展性。本套教材不但追求学科上的完整性、系统性和逻辑性，而且突出知识的实用性、综合性，把职业岗位所需要的知识和实践能力的培养融会于教材之中。

从课程建设角度，现有的高等职业教育教材从教育内容上需要改变"重理论轻实践"、"重原理轻案例"，教学方法上则需要改变"重传授轻参与"、"重课堂轻现场"，考核评价上则需改变"重知识的记忆轻能力的掌握"、"重终结性的考试轻形成性考核"的倾向。针对这些情况，本套教材力求在整体教材内容体系以及具体教学方法指导、练习与思考等栏目中融入足够的实训内容，加强实践性教学环节，注重案例教学，注重能力的培养，使职业能力的培养贯穿于教学的全过程。同时，使公共基础类教材突出职业化，强调通用能力、关键能力的培养，以推动学生综合素质的提高。

从人才培养模式角度，高等职业教育人才的培养模式的主要形式是产学结合、工学交替。因此，本教材为了满足有学就有练、学完就能练、边学边练的实际要求，纳入新技术引用、生产案例介绍等来满足师生教学需要。同时，为了适应学生将来因为岗位或职业的变动而需要不断学习的情况，教材的编写注重采用新知识、新工艺、新方法、新标准，同时注重对学生创造能力和自我学习能力的培养，力争实现学生毕业与就业上岗的零距离。

为了更好地落实指导思想和编写原则，本套教材的编写者既有一定的教学经验、懂得教学规律，又有较强的实践技能。同时，我们还聘请生产一线的技术专家来审稿，保证教材的实用性、先进性、技术性。总之，该套教材是所有参与编写者辛勤劳作和不懈努力的成果，希望本套教材能为职业教育的提高和发展作出贡献。

这就是我们编写这套教材的初衷。

前　　言

随着现代科学技术的发展，特别是机电一体化技术的迅猛发展，数控机床的应用已经越来越普及。社会对于数控机床技术人才的要求也越来越高，数控机床的编程和操作人员的需求也越来越多。本书从实用的角度出发，以学习掌握实践技能为目的，全面地阐述了数控机床的程序编制基础知识和程序编制方法及数控机床的基本操作方法。

按照高职教育注重培养应用型人才，遵循"以掌握概念、强化应用、培养技能为教学重点"的原则，培养学生在熟练掌握本课程基本知识的基础上，熟悉数控编程中的加工指令。掌握数控机床的基本操作技能，并把学到的知识应用到生产实际中去。

本书由安阳工学院朱艳芳任主编，安阳鑫盛机床有限公司高继军担任副主编。本书编写分工为：安阳工学院朱艳芳编写第一章、第三章、第七章；安阳工学院吴耀春编写第二章；安阳鑫盛机床有限公司高继军编写第四章、第八章；安阳工学院韩向可编写第五章；安阳钢铁公司的何军只编写第六章。

本书可作为高等职业技术院校数控技术应用专业、机电一体化专业和机械与自动化专业的教学用书，也可供从事数控加工技术工作的工程技术人员参考。

由于编者水平有限，加上时间仓促，书中难免有疏漏与欠妥之处，恳请广大读者批评指正。

编　者

2008 年 7 月

目　录

第1章 概 述

1.1 数控技术基本概念

随着科学技术的迅速发展，机械制造技术发生了深刻的变化。传统的机械加工设备已很难适应市场对产品多样化、高质量的要求，而数控技术及数控机床的应用，成功地解决了一些几何形状复杂、一致性要求较高的中小批量零件自动化加工问题，大大提高了加工效率和加工精度，而且还减轻了工人的劳动强度、缩短了生产周期、提高了企业的竞争能力。

1.1.1 数控机床概念

1. 数控

数控是数字控制（Numerically Controlled）的简称（也称 NC），是采用数字化信息（数值和符号）对机床的运动及其加工过程进行自动控制的一种方法。

2. 数控机床

数控机床（Numerically Controlled Machine Tool）是采用了数字控制技术的机械设备，也就是通过数字化的信息对机床的运动及其加工过程进行控制，实现要求的机械动作，自动完成加工任务。国际信息处理联盟（IFIP）第五技术委员会对数控机床的定义是：数控机床是一种装有程序数控系统的机床，该系统逻辑地处理具有特定代码和其他符号编码指令规定的程序。与普通机床靠人手工操作进行加工相对应，数控机床的运动是在程序（加工指令信息）控制下自动完成的。

3. 计算机数控系统

用计算机代替数控装置的系统称为计算机数控系统（简称 CNC）。美国电子工业协会（EIA）所属的数控标准化委员会对 CNC 的定义是：CNC 是用一个存储程序的计算机，按照存储在计算机内的读写存储器中的控制程序去执行数控装置的部分或全部功能。在计算机之外的唯一装置是接口，CNC 系统是由程序、输入输出设备、计算机数控装置、可编程控制器（PLC）、主轴驱动装置和进给驱动装置等组成的，如图 1-1 所示。

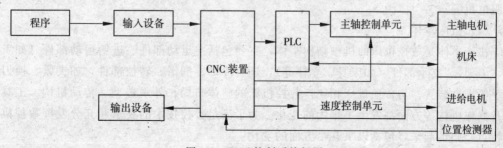

图 1-1 CNC 控制系统框图

现代数控装置是以微型计算机为主体，统称为 CNC 数控装置。使用微型计算机的 CNC 系统，数控装置的性能和可靠性能得到了很大提高，成本不断下降，性能价格比优越，推动了数控机床的发展。

1.1.2　数控机床的组成与工作原理

1. 数控机床的组成

数控机床由输入输出设备、计算机数控装置（简称 CNC 装置）、伺服系统和机床本体等部分组成，其组成框图如图 1-2 所示，其中输入输出设备、CNC 装置、伺服系统合起来就是计算机数控系统。

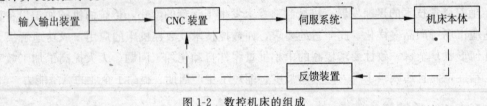

图 1-2　数控机床的组成

（1）输入输出装置

在数控机床上加工零件时，首先根据零件图纸上的零件形状、尺寸和技术条件，确定加工工艺，然后编制出加工程序，程序通过输入装置，输送给机床数控系统，机床内存中的零件加工程序可以通过输出装置传出。输入输出装置是机床与外部设备的接口，常用的输入装置有软盘驱动器、RS-232C 串行通信口、MDI 方式等。

（2）CNC 装置

CNC 装置是数控机床的核心，它接受输入装置送来的数字信息，经过控制软件和逻辑电路进行译码、运算和逻辑处理后，将各种指令信息输出给伺服系统，使设备按规定的动作执行。现在的 CNC 装置通常由一台通用或专用微型计算机构成。

（3）伺服系统

伺服系统是数控机床的执行部分，其作用是把来自 CNC 装置的脉冲信号转换成机床的运动，使机床工作台精确定位或按规定的轨迹做严格的相对运动，最后加工出符合图纸要求的零件。每一个脉冲信号使机床移动部件产生的位移量叫做脉冲当量（也叫最小设定单位），常用的脉冲当量为 0.001 mm/脉冲。每个进给运动的执行部件都有相应的伺服系统，伺服系统的精度及动态响应决定了数控机床的加工、表面质量和生产率。伺服系统一般包括驱动装置和执行机构两大部分，常用的执行机构有步进电机、直流伺服电机、交流伺服电机等。

（4）机床本体

机床本体是数控机床的机械结构实体，主要包括主运动部件、进给运动部件（如工作台、刀架）、支承部件（如床身、立柱等），还有冷却、润滑、转位部件，如夹紧、换刀机械手等辅助装置。与普通机床相比，数控机床的整体布局、外观造型、传动机构、工具系统及操作机构等方面都发生了很大的变化。为了满足数控技术的要求和充分发挥数控机床的特点，归纳起来，包括以下几个方面的变化：

①采用高性能主传动及主轴部件。具有传递功率大、刚度高、抗震性好及热变形小等

优点。

②进给传动采用高效传动件。具有传动链短、结构简单、传动精度高等特点，一般采用滚珠丝杠副、直线滚动导轨副等。

③具有完善的刀具自动交换和管理系统。

④在加工中心上一般具有工件自动交换、工件夹紧和放松机构。

⑤机床本身具有很高的动、静刚度。

⑥采用全封闭罩壳。由于数控机床是自动完成加工，为了操作安全等，一般采用移动门结构的全封闭罩壳，对机床的加工部件进行全封闭。

对于半闭环、闭环数控机床，还带有检测反馈装置，其作用是对机床的实际运动速度、方向、位移量以及加工状态加以检测，把检测结果转化为电信号反馈给 CNC 装置。检测反馈装置主要有感应同步器、光栅、编码器、磁栅、激光测距仪等。

2. 数控机床的工作过程及原理

数控机床加工过程就是将机床的各种动作，用数字化的代码表示，通过某种载体将信息输入数控系统，控制计算机对输入的数据进行处理，来控制机床的伺服系统或其他执行元件，使机床加工出所需要的工件，其过程见图 1-3。

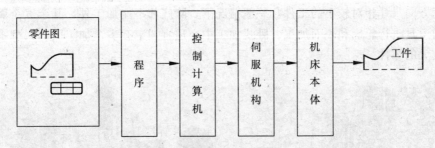

零件图　→　程序　→　控制计算机　→　伺服机构　→　机床本体　→　工件

图 1-3　数控加工的过程

在数控机床上加工零件经过的步骤如下：

（1）根据图样进行加工工艺分析，确定加工方案、工艺参数和位移数据。

（2）用规定的程序代码和格式编写零件加工程序单；或用自动编程软件进行 CAD/CAM 操作，直接生成零件的加工程序文件。

（3）程序的输入或输出：手工编写的程序通过数控机床的操作面板输入；软件生成的程序通过计算机的串行通信接口，直接传输到数控机床的数控单元。

（4）输入到数控单元的加工程序，进行试运行、刀具路径模拟等。

（5）通过对数控机床的正确操作，运行程序，完成零件的加工。

数控机床的基本工作原理：首先根据零件图样，结合加工工艺进行程序编制；然后通过键盘或其他输入设备（如穿孔纸带、软盘等）将程序输入到数控装置；数控装置将指令进行译码、寄存和插补运算后，向各坐标的伺服系统发出指令信号，驱动伺服电动机转动；通过传动机构，使刀具与工件相对位置按被加工零件的形状轨迹进行运动；由位置检测反馈装置确保其定位精度。同时通过 PLC 实现系统其他必要的辅助动作，如自动变速、冷却润滑液的自动开停、工件的自动夹紧、放松及刀具的自动更换等，配合进给运动完成零件的自动加工。

1.2 数控机床的种类与应用

1.2.1 按工艺用途分类

数控机床是在普通机床的基础上发展起来的，各种类型的数控机床基本上起源于同类型的普通机床。

1. 金属切削类数控机床

它是指采用车、铣、镗、铰、钻、磨、刨等各种切削工艺的数控机床。包括数控车床、数控钻床、数控铣床、数控磨床、数控镗床以及加工中心。切削类数控机床发展最早，目前种类繁多，功能差异也较大。这里需要特别强调的是加工中心，也称为可自动换刀的数控机床。这类数控机床都带有一个刀库和自动换刀系统，刀库可容纳 16～100 把刀具。图 1-4、图 1-5 分别是立式加工中心、卧式加工中心的外观图。立式加工中心最适宜加工高度方向尺寸相对较小的工件，一般情况下，除底部不能加工外，其余五个面都可以用不同的刀具进行轮廓和表面加工。卧式加工中心适宜加工有多个加工面的大型零件或高度尺寸较大的零件。

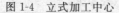

图 1-4 立式加工中心

图 1-5 卧式加工中心

2. 金属成型类数控机床

它是指采用挤、冲、压、拉等成型工艺的数控机床。包括数控折弯机、数控组合冲床、数控弯管机、数控压力机等。这类机床起步晚，但目前发展很快。

3. 数控特种加工机床

如数控线切割机床、数控电火花加工机床、数控火焰切割机床、数控激光切割机床等。

4. 其他类型的数控机床

如数控三坐标测量仪、数控对刀仪、数控绘图仪等。

1.2.2 按机床运动的控制轨迹分类

1. 点位控制数控机床

点位控制数控机床只要求控制机床的移动部件从某一位置移动到另一位置的准确定位，对于两位置之间的运动轨迹不作严格要求。在移动过程中刀具不进行切削加工，如图1-6所示。为了实现既快又准的定位，常采用先快速移动，然后慢速趋近定位点位的方法来保证定位精度。

具有点位控制功能的数控机床有数控钻床、数控冲床、数控镗床、数控点焊机等。

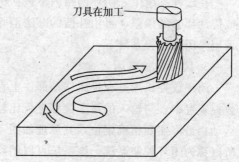

移动时刀具未加工

图1-6 点位控制数控机床加工示意图

2. 直线控制数控机床

直线控制数控机床的特点是除了控制点与点之间的准确定位外，还要保证两点之间移动的轨迹是一条与机床坐标轴平行的直线，而且对移动的速度也要进行控制，因为这类数控机床在两点之间移动时要进行切削加工，如图1-7所示。

具有直线控制功能的数控机床有比较简单的数控车床、数控铣床、数控磨床等。单纯用于直线控制的数控机床不多见。

3. 轮廓控制数控机床

轮廓控制又称连续轨迹控制，这类数控机床能够对两个或两个以上运动坐标的位移及速度进行连续相关的控制，因而可以进行曲线或曲面的加工，如图1-8所示。

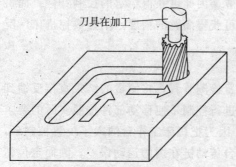

刀具在加工

刀具在加工

图1-7 直线控制数控机床加工示意图　　　　图1-8 轮廓控制数控机床加工示意图

具有轮廓控制功能的数控机床有数控车床、数控铣床、加工中心等。

1.2.3 按伺服控制的方式分类

1. 开环数控机床

开环数控机床是指不带反馈的控制系统，即系统没有位置反馈元件，通常用步进电机或电液伺服电机作为执行机构。输入的数据经过数控系统的运算，发出指令脉冲，通过环形分配器和驱动电路，使步进电机或电液伺服电机转过一个步距角。再经过减速齿轮带动丝杠旋转，最后转换为工作台的直线移动，如图1-9所示。移动部件的移动速度和位移量是由输入脉冲的频率和脉冲数所决定的。

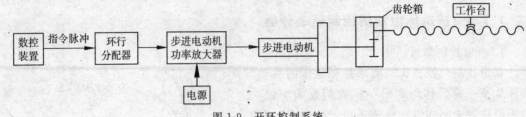

图 1-9　开环控制系统

开环控制具有结构简单、系统稳定、调试容易、成本低等优点。但是系统对移动部件的误差没有补偿和校正，所以精度低。一般适用于经济型数控机床和旧机床数控化改造。

2. 半闭环数控机床

如图 1-10 所示，半闭环数控机床是在开环系统的丝杠上装有角位移测量装置（如感应同步器和光电编码器等），通过检测丝杠的转角间接地检测移动部件的位移，然后反馈到数控系统中，由于惯性较大的机床移动部件不包括在检测范围之内，因而称为半闭环控制系统。

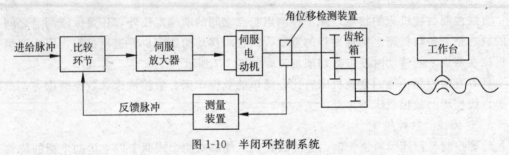

图 1-10　半闭环控制系统

在这种系统中，闭环回路内不包括机械传动环节，因此可获得稳定的控制特性。而机械传动环节的误差，可用补偿的办法消除，因此仍可获得满意的精度。中档数控机床广泛采用半闭环数控系统。

3. 闭环数控机床

闭环数控机床是在机床移动部件上直接装有位置检测装置，将测量的结果直接反馈到数控装置中，与输入的指令位移进行比较，用偏差进行控制，使移动部件按照实际的要求运动，最终实现精确定位，其原理如图 1-11 所示。因为把机床工作台纳入了位置控制环，所以称为闭环控制系统。该系统可以消除包括工作台传动链在内的运动误差，因而定位精度高，调节速度快。但由于该系统受进给丝杠的拉压刚度、扭转刚度、摩擦阻尼特性和间隙等非线性因素的影响，给调试工作带来较大的困难。如果各种参数匹配不当，将会引起系统振荡，造成不稳定，影响定位精度。可见闭环控制系统复杂并且成本高，故适用于精度要求很高的数控机床，如精密数控镗铣床、超精密数控车床等。

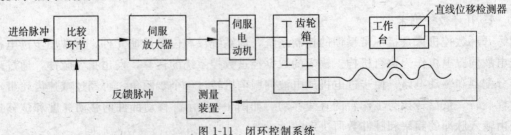

图 1-11　闭环控制系统

1.2.4　按数控系统功能水平分类

按数控系统的功能水平不同，数控机床可分为低、中、高三档。这种分类方式，在我国广泛使用。低、中、高档的界线是相对的，不同时期的划分标准有所不同。就目前的发展水平来看，数控系统可以根据表 1-1 的一些功能和指标进行区分。其中，中、高档数控机床一般称为全功能数控或标准型数控，在我国还有经济型数控的提法。经济型数控属于低档数控，是由单片机和步进电机组成的数控系统，或其他功能简单、价格低的数控系统。经济型数控主要用于车床、线切割机床以及旧机床改造等。

表 1-1　　　　　　　　　　数控系统不同档次的功能及指标表

功能	低档	中档	高档
系统分辨率	$10\ \mu m$	$1\ \mu m$	$0.1\ \mu m$
G00 速度	$3\sim 8$ m/min	$10\sim 24$ m/min	$24\sim 100$ m/min
伺服类型	开环及步进电机	半闭环及直、交流伺服电机	闭环及直、交流伺服电机
联动轴数	$2\sim 3$	$2\sim 4$	5 轴或 5 轴以上
通信功能	无	RS-232 或 DNC	RS-232，DND，MAP
显示功能	数码管显示	CRT：图形、人机对话	CRT：三维图形、自诊断
内装 PLC	无	有	功能强大的内装 PLC
主 CPU	8 位、16 位 CPU	16 位、32 位 CPU	32 位、64 位 CPU
结构	单片机或单板机	单微处理器或多微处理器	分布式多微处理器

1.2.5　数控机床加工的特点及应用

1. 数控机床加工的特点

（1）可以加工具有复杂型面的工件

在数控机床上加工零件，零件的形状主要取决于加工程序。因此，只要能编写出程序，无论工件多么复杂都能加工。例如，采用 5 轴联动的数控机床，就能加工螺旋桨的复杂空间曲面。

（2）加工精度高，产品质量稳定

数控机床本身的精度比普通机床高，一般数控机床的定位精度为 ± 0.01 mm，重复定位精度为 ± 0.005 mm，在加工过程中操作人员不参与操作，因此工件的加工精度全部由数控机床保证，消除了操作者的人为误差；又因为数控加工采用工序集中，减少了工件多次装夹对加工精度的影响，所以工件的精度高，尺寸一致性好，产品质量稳定。

（3）生产效率高

数控机床可有效地减少零件的加工时间和辅助时间。数控机床主轴转速和进给量的调节范围大，允许机床进行大切削量的强力切削，从而有效地节省了加工时间。数控机床移动部件在定位中均采用了加速和减速措施，并可选用很高的空行程运动速度，缩短了定位和非切削时间。对于复杂的零件可以采用计算机自动编程，而零件又往往安装在简单的定位夹紧装置中，从而加速了生产准备过程。尤其在使用加工中心时，工件只需一次装夹就能完成多道工序的连续加工，减少了半成品的周转时间，生产率的提高更为明显。此外，数控机床能进行重复性操作，尺寸一致性好，减少了次品率和检验时间。

（4）改善劳动条件

使用数控机床加工零件时，操作者的主要任务是程序编辑、程序输入、装卸零件、刀具准备、加工状态的观测、零件的检验等，劳动强度极大降低，机床操作者的劳动趋于智力型工作。另外，机床一般是封闭式加工，既清洁，又安全。

（5）有利于生产管理现代化

使用数控机床加工零件，可预先精确估算出零件的加工时间，所使用的刀具、夹具可进行规范化、现代化管理。数控机床使用数字信号与标准代码为控制信息，易于实现加工信息的标准化。目前已与计算机辅助设计与制造（CAD/CAM）有机地结合起来，是现代集成制造技术的基础。

2. 数控机床的适用范围

从数控机床加工的特点可以看出，数控机床加工的主要对象有：

（1）多品种、单件小批量生产的零件或新产品试制中的零件。

（2）几何形状复杂的零件。

（3）精度及表面粗糙度要求高的零件。

（4）加工过程中需要进行多工序加工的零件。

（5）用普通机床加工时，需要昂贵工装设备（工具、夹具和模具）的零件。

由此可见，数控机床和普通机床都有各自的应用范围，如图 1-12 所示。图中横轴是工件的复杂程度，纵轴是每批的生产件数。由此图可以看出数控机床的使用范围很广。

图 1-13 所示为各种机床加工零件时，批量和成本的关系。

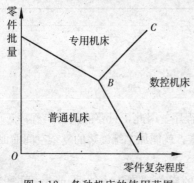

图 1-12　各种机床的使用范围

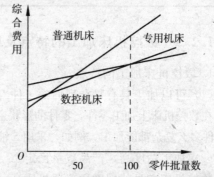

图 1-13　各种机床的加工批量与成本的关系

1.2.6　数控机床型号编制

1. 以机床的通用特性代号表示

根据金属切削机床型号编制方法（GB/T 15375－94）的规定，在类型代号之后加字母 K 或 H 表示。其中，K（读"控"）表示数控，H（读"换"）表示加工中心自动换刀。例如，型号 CK6130 表示数控车床，XK5025 表示数控铣床，XH714 表示铣削类加工中心；J 用于表示经济型，如 CJK6153 表示经济型数控车床。

2. 英文的含义表示

通常以英文字母的缩写表示。例如，VMC40 表示立式加工中心，其中 VMC 为英文立式加工中心的缩写；FMC1000 表示柔性制造单元的缩写。

3. 以企业名称的拼音字母表示

例如，SSCK400 表示沈阳机床厂生产的数控机床。

1.3　数控机床的产生和数控技术的发展

1.3.1　数控机床的产生

社会需求是推动生产力发展最有力的因素。20 世纪 40 年代以来，由于航空航天技术的飞速发展，对各种飞行器的加工提出了更高的要求，这些零件大多形状非常复杂，材料多为难加工的合金。用传统的机床和工艺方法进行加工，不能保证精度，也很难提高生产效率。为了解决零件复杂形状表面的加工问题，1952 年，美国帕森斯公司和麻省理工学院研制成功了世界上第一台数控机床。半个多世纪以来，数控技术得到了迅猛的发展，加工精度和生产效率不断提高。数控机床的发展至今已经历了两个阶段和六个时代。

1. 数控（NC）阶段（1952～1970 年）

早期的计算机运算速度低，不能适应机床实时控制的要求，人们只好用数字逻辑电路"搭"成一台机床专用计算机作为数控系统，这就是硬件连接数控，简称数控（NC）。随着电子元器件的发展，这个阶段经历了三代，即 1952 年的第一代——电子管数控机床，1959 年的第二代——晶体管数控机床，1965 年的第三代——集成电路数控机床。

2. 计算机数控（CNC）阶段（1970～现在）

1970 年，通用小型计算机已出现并投入成批生产，人们将它移植过来作为数控系统的核心部件，从此进入计算机数控阶段。这个阶段也经历了三代，即 1970 年的第四代——小型计算机数控机床，1974 年的第五代——微型计算机数控系统，1990 年的第六代——基于 PCPC-BASED 的数控机床。

1.3.2　我国数控机床的发展简述

我国从 1958 年开始研究数控技术。几十年来，经过了发展、停滞、引进技术等几个阶段。1958 年开始，全国有上百所高等学校、研究机构和工厂开展数控机床研究和试制，由于国产元器件不配套，加之工艺和技术还不够成熟，数控研究工作大多停止了。从 20 世纪 80 年代开始，随着改革开放的贯彻实施，国内一些单位从日本、德国、美国等国家引进了较先进的数控技术。在吸收国外技术的基础上，对很多高档的数控系统进行了大量的开发研究，使我国的数控机床在性能和质量上产生了一个质的飞跃。数控机床的品种有了新的发展，品种不断增多，规格愈发齐全，许多技术复杂的数控机床相继研制出来，并投入了批量生产。一些较高档次的数控系统，如 5 轴联动的数控系统、分辨力为0.001 mm的高精度数控系统、数字仿型的数控系统、为柔性制造单元配套的数控系统，陆续开发出来，并制造出了样机。目前，我国已有几十家机床厂能够生产出不同类型的数控机床和加工中心。

随着微电子技术和计算机技术的不断发展，数控技术也随之不断更新，发展非常迅速，几乎每5年更新换代一次，其在制造领域的加工优势逐渐体现出来。

1.3.3　数控机床的发展趋势

数控机床的出现不但给传统制造业带来了革命性的变化，使制造业成为工业化的象征，而且随着数控技术的发展和应用领域的扩大，它对国计民生的一些重要行业（IT、汽车、轻工、医疗等）的发展起着越来越重要的作用，因为这些行业所需装备的数字化已是现代发展的大趋势。当前世界上数控机床的发展呈现如下趋势。

1. 高速度、高精度化

速度和精度是数控机床的两个重要技术指标，它直接关系到加工效率和产品质量。对于数控机床，高速度化首先是要求计算机数控系统在读入加工指令数据后，能高速度处理并计算出伺服电机的位移量，并要求伺服电机高速度地作出反应。此外，要实现生产系统的高速度化，还必须要求主轴转速、进给率、刀具交换、托盘交换等各种关键部件也实现高速度化。现代数控机床主轴转速在 12 000 r/min 以上的已较为普及，高速加工中心的主轴转速高达 100 000 r/min；一般机床的快速进给速度都在每分钟几十米以上，有的机床则高达 120 m/min。加工高精度比加工速度更为重要，微米级精度的数控设备正在普及，一些高精度机床的加工精度都达到 0.1 μm。

2. 多功能化

一机多能的数控机床，可以最大限度地提高设备的利用率。如数控加工中心（Machining Center，简称 MC）配有机械手和刀具库，工件一经装夹，数控系统就能控制机床自动地更换刀具，连续对工件的各个加工面自动地完成铣削、镗削、铰孔、扩孔及攻螺纹等多工序加工，从而避免多次装夹所造成的定位误差。这样减少了设备台数、工夹具和操作人员，节省了占地面积和辅助时间。为了提高效率，新型数控机床在控制系统和机床结构上也有所改革。例如，采取多系统混合控制方式，用不同的切削方式（车、钻、铣、攻螺纹等）同时加工零件的不同部位等。现代数控系统控制轴数多达 15 轴，同时联动的轴数已达到 6 轴。

3. 智能化

数控机床应用高技术的重要目标是智能化。智能化技术主要体现在以下三个方面。

（1）引进自适应控制技术。自适应控制技术（Adaptive Control，简称 AC）的目的是要求在随机的加工过程中，通过自动调节加工过程中所测得的工作状态、特性，按照给定的评价指标自动校正自身的工作参数，以达到或接近最佳工作状态。通常，数控机床是按照预先编好的程序进行控制，但随机因素，如毛坯余量和硬度的不均匀、刀具的磨损等难以预测。为了确保质量，势必在编程时采用较保守的切削用量，从而降低了加工效率。AC 系统可对机床主轴转矩、切削力、切削温度、刀具磨损等参数值进行自动测量，并由 CPU 进行比较运算后发出修改主轴转速和进给量大小的信号，确保 AC 处于最佳的切削用量状态，从而在保证质量条件下使加工成本最低或生产率最高。AC 系统主要在宇航等工业部门用于特种材料的加工。

（2）附加人机会话自动编程功能。建立切削用量专家系统和示教系统，从而达到提高编程效率和降低对编程人员技术水平的要求。

（3）具有设备故障自诊断功能。数控系统出了故障，控制系统能够进行自诊断，并自动采取排除故障的措施，以适应长时间无人操作环境的要求。

4. 小型化

蓬勃发展的机电一体化设备，对数控系统提出了小型化的要求，体积小型化便于将机、电装置糅合为一体。日本新开发的 FS16 和 FS18 都采用了三维安装方法，使电子元器件得以高密度地安装，大大地缩小了系统的占有空间。此外，它们还采用了新型 TFT 彩色液晶薄型显示器，使数控系统进一步小型化，这样可更方便地将它们装到机械设备上。

5. 高可靠性

数控系统比较贵重，用户期望发挥投资效益，因此要求设备具有高可靠性。特别是对在长时间无人操作环境下运行的数控系统，可靠性成为人们最为关注的问题。提高可靠性，通常可采取如下三种措施：

（1）提高线路集成度。采用大规模或超大规模的集成电路、专用芯片及混合式集成电路，以减少元器件的数量，精简外部连线和降低功耗。

（2）建立由设计、试制到生产的一整套质量保证体系。例如，采取防电源干扰，输入/输出光电隔离；使数控系统模块化、通用化及标准化，以便于组织批量生产及维修；在安装制造时注意严格筛选元器件；对系统可靠性进行全面的检查考核等。通过这些手段来保证产品质量。

（3）增强故障自诊断功能和保护功能。由于元器件失效、编程及人为操作错误等原因，数控机床完全可能出现故障。数控机床一般具有故障自诊断功能，能够对硬件和软件进行故障诊断，自动显示出故障的部位及类型，以便快速排除故障。新型数控机床还具有故障预报、自恢复功能、监控与保护功能。例如，有的系统设有刀具破损检测、行程范围保护和断电保护等功能，以避免损坏机床及报废工件。由于采取了各种有效的可靠性措施，现代数控机床的平均无故障时间（MTBF）可达到 10 000～36 000 h。

1.4　常用数控系统简介

1. 日本的 FANUC 系统

FANUC 系统是最成功的 CNC 系统之一，具有高可靠性及完整的质量控制体系，其故障率低，操作简便，易于故障的诊断和维修，在我国市场的占有率是最高的。FANUC 现有高可靠性的 Power Mate O 系列，普及型 CNC O-D 系列，全功能型的 O-C 系列，高性价比的 0 系列，具有网络功能的 CNC 16i/18i/21i 系列，个性化的 CNC 16/18/160/180 系列。其中，O-TD 用于车床，O-MD 用于铣床和小型加工中心。如果仅用于一般的数控车床，订购 O-TD 系统较为合理；如果需要一些特殊功能，就应选择 O-TC 或更高一级的系统；如果用在配置低档的数控车床上，则选择 Power Mate O 较为经济。

2. 德国的 SIEMENS 系统

德国 SIEMENS 公司是欧洲生产数控系统的主要厂家，目前推出的控制系统主要有840D，810D，840C，802S，802C，802D 等。SIEMENS 系统采用模块化结构设计，经济性能好，具有优良的机床使用性与上一级计算机通信的功能，易于进入柔性制造系统，并且编程简单，操作方便。

3. 法国的 NUM 系统

该系统主要有 1020，1040，1050，1060 系列。NUM 系统考虑到数控系统与外部的联系方便，把与外界联系的所有功能模块制作成可插接的小模块，便于用户将来的维护，具体分为轴模块、光纤处理模块、内存模块、电源模块等。

4. 美国的 Allen-Bradley 系统

Allen-Bradley 系统简称 A-B 系统，该系统主要有 8200 和 8400 系列。A-B 系统采用模块化结构，可扩展性好；备有特殊的服务软件，可调整机床参数；带有内装的 PLC。

5. 华中数控系统 HNC

HNC 是武汉华中数控研制开发的国产型数控系统。它是我国 863 计划的科研成果在实践中应用的成功项目，已开发和应用的产品有 HNC-1 和 HNC-2000 两个系列，共计 16 种型号。

（1）华中 1 型数控系统。该数控系统有 HNC-1M 铣床、加工中心数控系统、HNC-1T 车床数控系统、HNC-1Y 齿轮加工数控系统、HNC-1P 数字化仿形加工数控系统、HNC-1L 激光加工数控系统、HNC-1G 5 轴联动工具磨床数控系统和 HNC-1FP 锻压、冲压加工数控系统、HNC-1ME 多功能小型数控铣系统、HNC-1TE 多功能小型数控车系统和 HNC-1S 高速珩缝机数控系统等。

（2）华中 2000 型数控系统。HNC-2000 型是在 HNC-1 型数控系统的基础上开发的高档数控系统。该系统采用通用工业 PC，TFT 真彩液晶显示，具有多轴多通道控制功能和内装式 PC，可与多种伺服驱动单元配套使用，具有开放性好，结构紧凑，集成度高，性价比高和操作维护方便等优点。同样，它也有系列派生的数控系统 HNC-2000M，HNC-2000T，HNC-2000Y，HNC-2000L，HNC-2000G 等。

1.5 先进制造技术简介

21 世纪，人类已迈入了一个知识经济快速发展的时代，传统的制造技术以及制造模式正发生质的飞跃，先进制造技术在制造业中正逐步被应用，并推动制造业的发展。近年来，正逐步被推广应用的先进制造技术有快速原型法、虚拟制造技术、柔性制造单元和柔性制造系统等。

1.5.1 快速原型法（又称快速成形法）

快速原型法是国外 20 世纪 80 年代中、后期发展起来的一种新技术，它与虚拟制造技术一起，被称为未来制造业的两大支柱技术。

1. 快速原型法基本原理

快速原型法是综合运用 CAD 技术、数控技术、激光加工技术和材料技术，实现从零件设计到三维实体原型制造一体化的系统技术。它采用软件离散化——材料堆积的原理实现零件的成形，如图 1-14 所示。

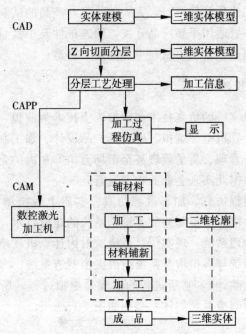

图 1-14　快速原型制造原理

其具体过程如下：

（1）采用 CAD 软件设计出零件的三维曲面或实体模型。

（2）根据工艺要求，按照一定的厚度在某坐标方向（如 Z 向），对生成的 CAD 模型进行切面分层，生成各个截面的二维平面信息。

（3）对层面信息进行工艺处理，选择加工参数，系统自动生成刀具移动轨迹和数控加工代码。

（4）对加工过程进行仿真，确认数控代码的正确性。

（5）利用数控装置精确控制激光束或其他工具的运动，在当前工作层（二维）上采用轮廓扫描，加工出适当的截面形状。

（6）铺上一层新的成形材料，进行下一次的加工，直至整个零件加工完毕。

可以看出，快速成形过程是由三维转换成二维（软件离散化），再由二维到三维（材料堆积）的工作过程。

快速原型法不仅可用于原始设计中，快速生成零件实物，也可用来快速复制实物（包括放大、缩小、修改）。

2. 快速原型法的特点

（1）适合于形状复杂的、不规则零件的加工。

（2）减少了对熟练技术工人的需求。

（3）没有或极少下脚料，是一种环保型的制造技术。

（4）成功地解决了 CAD 中三维造型"看得见，摸不着"的问题。

（5）系统柔性高，只需修改 CAD 模型就可生成不同形状的零件。

（6）技术集成，设计制造一体化。

（7）具有广泛的材料适应性。

（8）不需要专门的工装夹具和模具，大大缩小了新产品的试制时间。

因此，快速原型法主要适用于新产品开发，快速单件及小批量零件制造，形状复杂零件的制造，模具设计与制造，难加工材料零件的加工制造。

1.5.2 虚拟制造技术

虚拟制造是以计算机支持的仿真技术和虚拟现实技术为前提，对企业的全部生产、经营活动进行建模，并在计算机上"虚拟"地运行产品设计、加工制造、计划制定、生产调度、经营管理、成本财务管理、质量管理甚至市场营销等在内的企业全部功能，在求得系统的最佳运行参数后，再据此实现企业的物理运行。

虚拟制造包括设计过程仿真、加工过程仿真。实质上虚拟制造是一般仿真技术的扩展，是仿真技术的最高阶段。虚拟制造的关键是系统的建模技术，它将现实物理系统映射为计算机环境下的虚拟物理系统，现实信息系统映射为计算机环境下的虚拟信息系统。计算机环境下的虚拟物理系统与虚拟信息系统组成虚拟制造系统。虚拟制造系统不消耗能源和其他资源（计算机耗电除外），它所进行的过程是虚拟过程，所生产的产品是可视的虚拟产品或数字产品。虚拟制造系统的体系结构如图 1-15 所示。

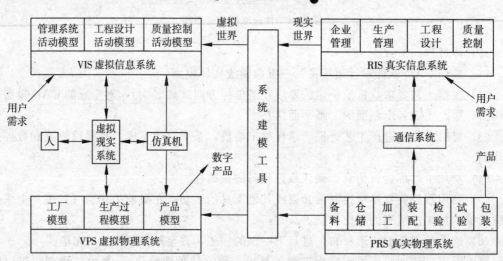

图 1-15　虚拟制造系统的体系结构

由图 1-15 可知，通过系统建模工具，首先将真实物理系统和真实信息系统映射为计算机环境下的虚拟物理系统和虚拟信息系统，然后利用仿真机和虚拟现实系统对设计过程及结果进行仿真、工艺过程仿真和企业运行状态仿真，最后产品是满足用户要求的高质量数字产品和企业运行的最佳参数，据此最佳参数调整企业的运行过程，使其始终处于最佳运行状态，最后生产出高质量的物理产品投放市场。

1.5.3 柔性制造系统（FMS）

柔性制造系统（FMS）是一个以网络为基础、面向车间的开放式集成制造系统，它具有多台制造设备，由一个物料运输系统将所有设备连接起来，由计算机进行高度自动的多级管理与控制，对一定范围内的多品种、中小批量的零件进行制造。一个柔性制造系统的加工对象的品种为 5~300 种，其中 30 种以下的居多。

　　柔性制造系统中的多台设备不限于切削加工设备，可以是电加工、激光加工、热处理、冲压剪切等设备，也可以是上述多种设备的综合。组成设备的台数并无定论，一般认为由 5 台以上设备组成的系统才是 FMS。由于物料运输系统可将所有设备连接起来，因此柔性制造系统可以进行没有固定加工顺序和无节拍的随机自动制造。

　　FMS 一般由加工系统、物流系统、信息流控制系统和辅助系统组成，如图 1-16 所示。

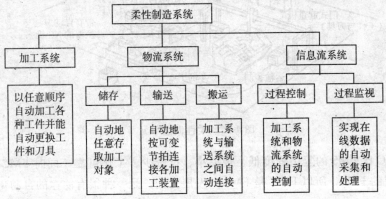

图 1-16　柔性制造系统的构成

　　1. 加工系统

　　加工系统主要由数控机床、加工中心等设备组成。加工系统的功能是以任意顺序自动加工各种工件，并能自动更换工件和刀具。

　　2. 物流系统

　　物流是 FMS 中物料流动的总称。在 FMS 中流动的物料主要有工件、刀具、夹具、切屑及切削液。物流系统是从 FMS 的进口到出口，实现对这些物料的自动识别、存储、分配、输送、交换和管理功能的系统。它包括自动运输小车、立体仓库、中央刀库等，主要完成刀具、工件的存储和运输。

　　3. 信息流控制系统

　　信息流控制系统是实现 FMS 加工过程、物料流动过程的控制、协调、调度、监测和管理的系统。它由计算机、工业控制机、可编程控制器、通信网络、数据库和相应的控制和管理软件等组成，它是 FMS 的神经中枢和命脉，也是各子系统之间的联系纽带。

　　4. 辅助系统

　　辅助系统包括清洗工作站、检验工作站、排屑设备、去毛刺设备等，这些工作站和设备均在 FMS 控制器的控制下与加工系统、物流系统协调地工作，共同实现 FMS 的功能。

　　FMS 适于加工形状复杂、精度适中、批量中等的零件。因为柔性制造系统中的所有设备均由计算机控制，所以，改变加工对象时只需改变控制程序即可，这使得系统的柔性很大，特别适应于市场动态多变的需求。

1.5.4　柔性制造单元（FMC）

　　柔性制造单元可以被认为是小型的 FMS，它通常包括 1~2 台加工中心，再配以托盘库、自动托盘交换装置和小型刀库，图 1-17 所示为一典型的 FMC 示意图。

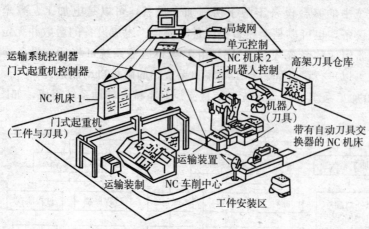

运输系统控制器
门式起重机控制器
局域网
单元控制
NC 机床 2
机器人控制
高架刀具仓库
NC 机床 1
门式起重机
（工件与刀具）
机器人
（刀具）
带有自动刀具交
换器的 NC 机床
运输装置
运输装制
NC 车削中心
工件安装区

图 1-17　柔性制造单元

因为 FMC 比 FMS 的复杂程度低、规模小、投资少、工作可靠，同时 FMC 还便于连成功能可以扩展的 FMS，所以 FMC 是 FMS 的发展方向，是一种很有前途的自动化制造形式。

1.5.5　计算机集成制造系统（CIMS）

CIMS 是以数控机床为基本单元的计算机集成制造系统。它综合利用了 CAD，CAE，CAPP，CAM，FMS 及工厂自动化系统，实现了无人管理的机械加工。

CIMS 具有智能自动化的特征，是高技术密集化的成果，是管理科学、系统工程、信息技术和制造技术的综合。CIMS 是人们用新的概念和方法来经营和指导工厂的一种探索，力图对传统的制造业进行全面的技术改造。力求形成从市场调研、资源利用、生产决策、产品设计、工艺设计、制造和控制到经营和销售的良性循环，以提高机械制造业的经济效益及在多变的市场环境中的竞争力。数控技术是 CIMS 的基础技术之一，CIMS 也为数控技术提供了新的要求，要求开发面向 CIMS 的新一代 CNC——机器人控制器（RC），要求开发单元控制器技术以及面向 CIMS 的数控工作站等。

CIMS（Computer Intergrated Manufacturing System）的构成可以分为以下四个部分：

1. 设计过程

设计过程主要包括 CAD，CAE，CAPP，CAM 等环节。CAD 包括设计过程中各个环节的数据，既包括管理数据和检测数据，又包括产品设计开发的专家系统及设计中的仿真软件等。CAE 主要是对零件的机械应力、热应力等进行有限元分析及优化设计等内容。CAPP 是根据 CAD 的数据自动制定合理的加工工艺过程。CAM 是根据 CAD 模型按 CAPP 要求生成刀具轨迹文件，并经后置处理转换成 NC 代码。CIMS 中最基本的是 CAD/CAE/CAPP/CAM 集成。

2. 加工制造过程

加工制造过程主要包括加工设备（数控机床）、工件搬运工具及自动仓库、检测设备、工具管理单元、装配单元等。

3. 计算机辅助生产管理

制定年、月、日、周的生产计划，生产能力平衡以及进行财务、仓库等各种管理，确定经营方向（包括市场预测及制定长期发展战略计划）。

4. 集成方法及技术

系统的集成方法必须有先进理论为指导，如系统理论、成组技术、集成技术、计算机网络等。

[思考与练习]

1-1　数控机床是由哪些部分组成的？

1-2　简述在数控机床上加工零件的步骤。

1-3　简述数控机床的特点。

1-4　按伺服系统和控制运动方式，数控机床可分为哪几类？

1-5　简述开环、闭环和半闭环控制系统的区别。

1-6　简述柔性制造系统。

第 2 章　数控编程基础

数控机床是一种高效的自动化加工设备，它严格按照加工程序，自动地对被加工工件进行加工。我们把从数控系统外部输入的直接用于加工的程序称为数控加工程序，简称为数控程序，它是机床数控系统的应用软件。与数控系统应用软件相对应的是数控系统内部的系统软件，系统软件是用于数控系统控制。

数控系统的种类繁多，它们使用的数控程序语言规则和格式也不尽相同，本教材以 ISO 国际标准为主来介绍加工程序的编制方法。当针对某一台数控机床编制加工程序时，应该严格按机床编程手册中的规定进行程序编制。

2.1　数控编程的内容及步骤

数控编程是指从零件图纸到获得数控加工程序的全部工作过程。如图 2-1 所示，编程工作主要包括以下四个方面：

1. 分析零件图样和制定工艺方案

这项工作的内容包括：对零件图样进行分析，明确加工的内容和要求；确定加工方案；选择合适的数控机床；选择或设计刀具和夹具；确定合理的走刀路线及选择合理的切削用量等。这一工作要求编程人员能够对零件图样的技术特性、几何形状、尺寸及工艺要求进行分析，并结合数控机床使用的基础知识，如数控机床的规格、性能、数控系统的功能等，确定加工方法和加工路线。

2. 数学处理

在确定了工艺方案后，就需要根据零件的几何尺寸、加工路线等，计算刀具中心运动轨迹，以获得刀位数据。

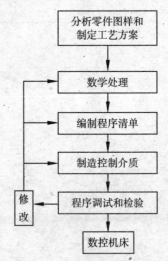

图 2-1　数控程序编制的内容及步骤

数控系统一般均具有直线插补与圆弧插补功能，对于加工由圆弧和直线组成的较简单的平面零件，只需要计算出零件轮廓上相邻几何元素的交点或切点的坐标值，得出各几何元素的起点、终点、圆弧的圆心坐标值等，就能满足编程要求。当零件的几何形状与控制系统的插补功能不一致时，就需要进行较复杂的数值计算，一般需要使用计算机辅助计算，否则难以完成。

3. 编写零件加工程序

在完成上述工艺处理及数值计算工作后，即可编写零件加工程序。程序编制人员使用数控系统的程序指令，按照规定的程序格式，逐段编写加工程序。程序编制人员应对数控机床的功能、程序指令及代码十分熟悉，才能编写出正确的加工程序。

4. 程序调试和校验

将编写好的加工程序输入数控系统，就可控制数控机床的加工工作。一般在正式加工之前，要对程序进行检验。通常可采用机床空运转的方式，来检查机床动作和运动轨迹的正确性，以检验程序。在具有图形模拟显示功能的数控机床上，可通过显示走刀轨迹或模拟刀具对工件的切削过程，对程序进行检查。对于形状复杂和要求高的零件，也可采用铝件、塑料或石蜡等易切材料进行试切来检验程序。通过检查试件，不仅可确认程序是否正确，还可知道加工精度是否符合要求。若能采用与被加工零件材料相同的材料进行试切，则更能反映实际加工效果，当发现加工的零件不符合加工技术要求时，可修改程序或采取尺寸补偿等措施。

2.2　数控编程的方法

数控编程是指将加工零件的几何尺寸和机加工工艺参数变成 CNC 系统能识别的代码过程。

数控编程的方法有两种：手工编程和自动编程。

1. 手工编程

手工编程指主要由人工来完成数控编程中各个阶段的工作，如图 2-2 所示。

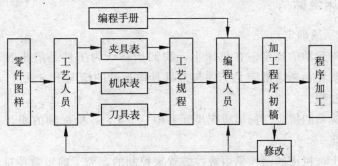

图 2-2　手工编程流程图

一般对几何形状不太复杂的零件，所需的加工程序不长，计算比较简单，用手工编程比较合适。手工编程的特点是：耗费时间较长，容易出现错误，无法胜任复杂形状零件的编程。据国外资料统计，当采用手工编程时，一段程序的编写时间与其在机床上运行加工的实际时间之比，平均约为 30∶1，而数控机床不能启动的原因有 20%～30% 是由于加工程序编制困难，编程时间较长。

2. 计算机自动编程

自动编程是指在编程过程中，除了分析零件图样和制定工艺方案由人工进行外，其余工作均由计算机辅助完成。采用计算机自动编程时，数学处理、编写程序、检验程序等工作是由计算机自动完成的，由于计算机可自动绘制出刀具中心运动轨迹，使编程人员可及时检查程序是否正确，需要时可及时修改，以获得正确的程序。又因为计算机自动编程代替程序编制人员完成了烦琐的数值计算，可提高编程效率几十倍乃至上百倍，所以解决了手工编程无法解决的许多复杂零件的编程难题。因而，自动编程的特点就在于编程工作效率高，可解决复杂形状零件的编程难题。

根据输入方式的不同，可将自动编程分为图形数控自动编程、语言数控自动编程和语音数控自动编程等。图形数控自动编程是指将零件的图形信息直接输入计算机，通过自动编程软件的处理，得到数控加工程序。目前，图形数控自动编程是使用最为广泛的自动编程方式。语言数控自动编程指将加工零件的几何尺寸、工艺要求、切削参数及辅助信息等用数控语言编写成源程序后，输入到计算机中，再由计算机进一步处理得到零件加工程序。语音数控自动编程是采用语音识别器，将编程人员发出的加工指令声音转变为加工程序。

2.3　数控编程的坐标系

在数控编程时，为了描述机床的运动，简化程序编制的方法及保证记录数据的互换性，数控机床的坐标系和运动方向均已标准化，ISO 和我国都拟定了命名的标准。通过这一部分的学习，能够掌握机床坐标系、编程坐标系、加工坐标系的概念，具备实际动手设置机床加工坐标系的能力。

2.3.1　机床坐标系

1. 机床坐标系的确定

（1）机床相对运动的规定。在机床上，我们始终认为工件是静止的，而刀具是运动的。这样编程人员在不考虑机床上工件与刀具具体运动的情况下，就可以依据零件图样，确定机床的加工过程。

（2）机床坐标系的规定。标准机床坐标系中 X，Y，Z 坐标轴的相互关系由右手笛卡儿直角坐标系决定。

在数控机床上，机床的动作是由数控装置来控制的，为了确定数控机床上的成形运动和辅助运动，必须先确定机床上运动的位移和运动的方向，这就需要通过坐标系来实现，这个坐标系被称之为机床坐标系。

例如在铣床上，有机床的纵向运动、横向运动以及垂向运动，如图 2-3 所示。在数控加工中就应该用机床坐标系来描述。

标准机床坐标系中 X，Y，Z 坐标轴的相互关系由右手笛卡儿直角坐标系决定：伸出右手的大拇指、食指和中指，并互为 90°，则大拇指代表 X 坐标，食指代表 Y 坐标，中指代表 Z 坐标；大拇指的指向为 X 坐标的正方向，食指的指向为 Y 坐标的正方向，中指的指向为 Z 坐标的正方向；围绕 X，Y，Z 坐标旋转的旋转坐标分别用 A，B，C 表示。根据右手螺旋定则：大拇指的指向为 X，Y，Z 坐标中任意轴的正向，则其余四指的旋转方向即为旋转坐标 A，B，C，的正向，如图 2-4 所示。

（3）运动方向的规定。数控机床的进给运动，有的是由刀具向工件运动来实现的，有的是由工作台带着工件向刀具来实现的。为了在不知道刀具和工件之间如何作相对运动的情况下，便于确定机床的进给操作和编程，统一规定标准坐标系 X，Y，Z 作为刀具（相对于工件）运动的坐标系，增大刀具与工件距离的方向为坐标正方向，即坐标系的正方向都是假定工件静止、刀具相对于工件运动来确定的。考虑到刀具与工件是一对相对运动，即刀具向某一方向运动等同于工件向其相反方向运动的特点，图 2-4 中虚线所示的 $+X'$，$+Y'$ 和 $+Z'$ 必然是工件（相对于刀具）正向运动的坐标系。

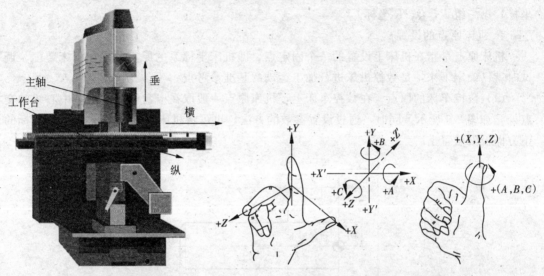

图 2-3　立式数控铣床　　　　　　　图 2-4　右手直角笛卡儿坐标系

2. 坐标轴的确定

（1）Z 坐标。Z 坐标的运动方向是由传递切削力的主轴所决定的，即平行于主轴轴线的坐标轴为 Z 坐标，Z 坐标的正向为刀具离开工件的方向。如果机床上有几个主轴，则选一个垂直于工件装夹平面的主轴方向为 Z 坐标方向；如果主轴能够摆动，则选垂直于工件装夹平面的方向为 Z 坐标方向；如果机床无主轴，则选垂直于工件装夹平面的方向为 Z 坐标方向。图 2-5 所示为数控车床的 Z 坐标。

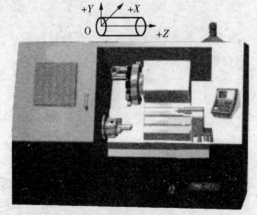

图 2-5　数控车床坐标系

（2）X 坐标。X 坐标平行于工件的装夹平面，一般在水平面内。确定 X 轴的方向时，要考虑两种情况：

①如果工件做旋转运动，则刀具离开工件的方向为 X 坐标的正方向。

②如果刀具做旋转运动，则分为两种情况：Z 坐标水平时，观察者沿刀具主轴向工件看时，$+X$ 运动方向指向右方；Z 坐标垂直时，观察者面对刀具主轴向立柱看时，$+X$ 运动方向指向右方。图 2-5 所示为数控车床的 X 坐标。

（3）Y 坐标。在确定 X 和 Z 坐标的正方向后，可以用根据 X 和 Z 坐标的方向，按照右手直角坐标系来确定 Y 坐标的方向。图 2-5 所示为数控车床的 Y 坐标。

3. 附加坐标系

为了编程和加工的方便，有时还要设置附加坐标系。

对于直线运动，通常建立的附加坐标系有以下两种：

(1) 指定平行于 X，Y，Z 的坐标轴。可以采用的附加坐标系：第二组 U，V，W 坐标；第三组 P，Q，R 坐标。

(2) 指定不平行于 X，Y，Z 的坐标轴。也可以采用的附加坐标系：第二组 U，V，W 坐标；第三组 P，Q，R 坐标。

4. 机床原点的设置

机床原点是指在机床上设置的一个固定点，即机床坐标系的原点。它在机床装配、调试时就已确定下来，是数控机床进行加工运动的基准参考点。

(1) 数控车床的原点。在数控车床上，机床原点一般取在卡盘端面与主轴中心线的交点处，如图 2-6 所示。同时，通过设置参数的方法，也可将机床原点设定在 X 和 Z 坐标的正方向极限位置上。

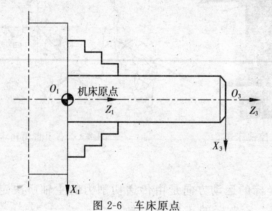

图 2-6 车床原点

(2) 数控铣床的原点。在数控铣床上，机床原点一般取在 X，Y，Z 坐标的正方向极限位置上，如图 2-7 所示。

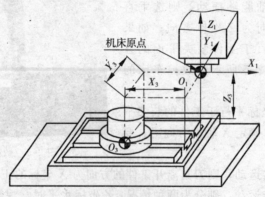

图 2-7 铣床的机床原点

5. 机床参考点

机床参考点是用于对机床运动进行检测和控制的固定位置点。机床参考点的位置是由机床制造厂家在每个进给轴上用限位开关精确调整好的，坐标值已输入数控系统中。因此参考点对机床原点的坐标是一个已知数。

通常在数控铣床上机床原点和机床参考点是重合的；而在数控车床上机床参考点是离机床原点最远的极限点。图 2-8 所示为数控车床的参考点与机床原点。

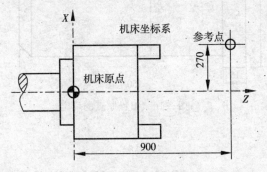

图 2-8　数控车床的参考点

数控机床开机时，必须先确定机床原点，而确定机床原点的运动就是刀架返回参考点的操作，这样通过确认参考点，就确定了机床原点。只有机床参考点被确认后，刀具（或工作台）移动才有基准。

2.3.2　编程坐标系

编程坐标系是编程人员根据零件图样及加工工艺等建立的坐标系。编程坐标系一般供编程使用，确定编程坐标系时不必考虑工件毛坯在机床上的实际装夹位置。如图 2-9 所示，其中 O_2 为编程坐标系原点。

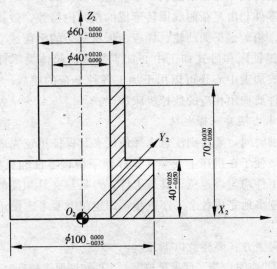

图 2-9　编程坐标系

编程原点是根据加工零件图样及加工工艺要求选定的编程坐标系的原点。

编程原点应尽量选择在零件的设计基准或工艺基准上，编程坐标系中各轴的方向应该与所使用的数控机床相应的坐标轴方向一致，如图 2-10 所示为车削零件的编程原点。

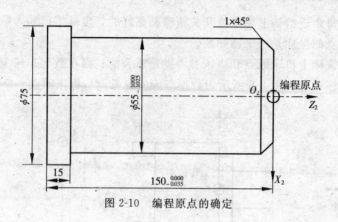

图 2-10　编程原点的确定

2.4　数控加工的工艺分析

数控机床是先进的高精度、高效率、高自动化程度的加工设备。编程人员必须在熟练掌握其性能、特点及使用操作方法的同时，在编程之前正确地确定数控加工工艺。由于同一工件的加工工艺可能会出现各种不同的方案，应根据实际情况和具体条件，充分发挥数控机床的功能，采用最完善、最经济、最合理的工艺方案。

工艺处理涉及的问题很多，编程人员要注意以下几点：

1. 根据零件的加工要求确定加工方案，选择合适的机床

要考虑数控机床使用的合理性和经济性，充分发挥数控机床的功能。一般来说，简单的小型零件选用普通数控机床，复杂的大型零件选用数控加工中心。数控车床适合于加工形状比较复杂的轴类零件和由复杂曲线回转形成的模具内型腔。数控立式镗铣床和立式加工中心适于加工箱体、箱盖、平面凸轮、样板、形状复杂的平面或立体零件，以及模具的内、外型腔等。卧式镗铣床和卧式加工中心加工复杂的箱体类零件、泵体、阀体、壳体等。多坐标联动的卧式加工中心还可以用于加工各种复杂的曲线、曲面、叶轮、模具等。总之，不同类型的零件要选用相应的数控机床加工。

2. 确定零件的装卡方法并选择夹具

为了尽量减少辅助时间，要特别注意选择使用夹具保证迅速完成加工零件的定位和夹紧过程。夹具本身应该便于在机床上安装，这样便于协调零件和机床坐标系的尺寸关系。夹具使用时要求夹持工件均匀，避免刀具与工件、刀具与夹具相撞的现象发生，而且要求在一次装卡中，尽可能多地完成各个工序工步，即定位时要考虑便于各个平面（或几个表面）都能够被加工。

对零件的定位、夹紧方式要注意以下几点：

（1）应尽量采用组合夹具。当工件批量较大、工件精度要求较高时，可以设计专用夹具。

（2）零件定位、夹紧的部位应考虑到不妨碍各部位的加工、更换刀具以及重要部位的测量，尤其要注意不要发生刀具与工件、刀具与夹具相撞的现象。

（3）夹紧力应力求通过靠近主要支撑点上或在支撑点所组成的三角形内，靠近切削部位，并在刚性较好的地方。尽量不要在被加工孔径的上方，以减少零件变形。

（4）零件的装卡、定位要考虑到重复安装的一致性，以减少对刀时间，提高同一批零件加工的一致性。一般同一批零件采用同一定位基准，同一装卡方式。

3. 确定对刀点和换刀点

（1）对刀点。对刀点是数控加工中，刀具相对于工件运动的起点。程序也是从这一点开始执行的，所以对刀点也称为"程序原点"或"程序起点"。

选择对刀点的原则是：对刀点应便于数学处理和程序编制；对刀点在机床上容易校准；在加工过程中便于检查；引起的加工误差小。

对刀点可以设置在零件、夹具上面或机床上面，但最基本的一条是：它必须与零件的定位基准有一定的尺寸关系，这样才能确定机床坐标系与工件坐标系的关系。

图 2-11 中，对刀点相对于机床零点的坐标为（x_0，y_0），而工件原点相对于机床原点的坐标为（$x_0 + x_1$，$y_0 + y_1$），这样就把机床坐标系、工件坐标系和对刀点之间的关系明确地表达出来了。

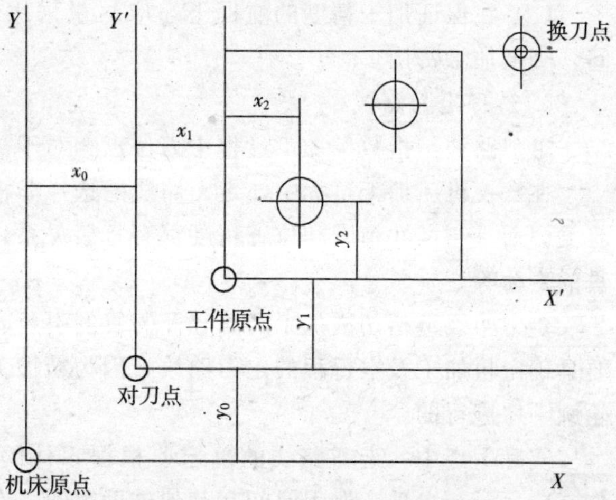

通常，在绝对坐标系统的数控机床上，第 1 个程序的坐标值应为对刀点在机床坐标系中的坐标值。图 2-11 中的 x_0，y_0 在数控机床的相对坐标系统上，则需人工检查对刀点的重复精度，以便于零件的批量生产。

（2）换刀点。在数控车床、数控铣床等使用多种刀具加工的机床上，工件加工时需要经常更换刀具，在编制程序时，就要考虑设置换刀点。换刀点应根据工序内容安排，换刀点的位置应根据换刀时刀具不碰伤工件、夹具和机床的原则而定。一般换刀点应设在工件或夹具外部。

图 2-11　对刀点的坐标值

4. 划分工序

在数控机床上加工零件，工序比较集中，在一次装夹中，应尽可能地完成全部工序。常用的工序划分方法有以下三种：

（1）按先粗后精的原则划分工序，这样可减少粗加工变形对精加工的影响。

考虑到零件形状、尺寸精度以及工件刚度和变形等因素，先粗加工，快速切除余量；后精加工，保证精度和表面粗糙度。粗加工后工件的变形需要一段时间恢复，最好不要紧接着安排精加工。

（2）按先面后孔的原则划分工序，这样可提高孔的加工精度，避免面加工时引起的变形。

（3）按所用刀具划分工序，这样可减少换刀次数，缩短空行程运行时间，减少不必要的定位误差和换刀时间。多采用按刀具集中工序的方法，即将工件上需要用同一把刀加工的部位全部加工完成之后，再更换另一把刀来加工。

5. 选择加工余量

加工余量泛指毛坯实体尺寸与零件（图纸）尺寸之差。零件加工就是把大于零件（图纸）尺寸的毛坯实体加工掉，使加工后的零件尺寸、精度、表面粗糙度均能符合图纸的要求。通常要经过粗加工、半精加工和精加工才能达到最终要求。因此，零件总加工余量应等于中间工序加工余量之和。工序间的加工余量的选择应根据下列条件进行。

（1）应有足够的加工余量，特别是最后的工序，加工余量应能保证达到图样上规定的精度和表面粗糙度的要求。

（2）应考虑加工方法、装夹方式和工艺设备的刚性，以及工件可能发生的变形。过大的加工余量反而会由于切削抗力的增加而引起工件变形加大，影响加工精度。

（3）应考虑零件热处理引起的变形，适当的增大一点加工余量，否则可能产生废品。

（4）应考虑工件的大小。工件越大，由切削力、内应力引起的变形亦会越大，故加工余量也要相应地增加。

（5）在保证加工精度的前提下，应尽量采用最小的加工余量总和，以求缩短加工时间，降低加工费用。

6. 选择走刀路线

走刀路线是指数控加工过程中刀位点相对于被加工工件的运动轨迹。

在数控机床加工过程中，走刀路线的选择非常重要，它不仅与被加工零件表面粗糙度有关，而且与尺寸精度和位置精度都有直接关系。过长的走刀路线会影响机床的寿命、刀具的寿命等。

走刀路线包括切削加工的路径及刀具的引入、返回等非切削空行程。确定走刀路线主要是确定粗加工及空行程的走刀路线，因为精加工切削过程走刀路线基本上都是沿其零件轮廓顺序进行的。

实际生产中，走刀路线的确定要根据零件的具体结构特点综合考虑，灵活运用。例如，应尽量减少进、退刀时间和其他辅助时间。在铣削加工零件轮廓时，要尽量采用顺铣加工方式，这样可提高零件表面粗糙度和加工精度，减少机床"颤振"。所以，要选择合理的进、退刀位置。走刀路线一般为先加工外轮廓，再加工内轮廓。确定较好的走刀路线，除了要依靠大量的实践经验外，还应善于分析，必要时应辅以简单计算。

（1）确定走刀路线的原则

保证零件的加工精度和表面粗糙度；方便数值计算，减少编程工作量；缩短走刀路线，减少空行程。

（2）确定最短的走刀路线

确定最短的走刀路线时需确定最短的空行程路线。

①巧用起刀点

图 2-12 所示，（a）是采用矩形循环方式进行粗车的一般情况。其对刀点 A 的设置考虑到精车等加工过程中需方便地换刀，故设置在离工件较远的位置处，同时将起刀点与对刀点重合在一起。（b）中巧妙地将起刀点与对刀点分离，并设于图示点 B 位置，仍按相同的切削用量进行三刀粗车。由于三刀粗车的行程明显减小，所以图（b）走刀路线比图（a）短。

②巧妙安排空行程进给路线

对数控冲床、钻床等加工机床，只要求定位精度高，定位过程快，而对刀具相对于工件的运行路线无要求，其空行程执行时间对生产率影响较大，如图 2-13 所示。

数控钻削图 2-13（a）中的零件时，采用图 2-13（c）的空行程进给路线，要比图 2-13（b）的常规进给路线缩短一半左右。

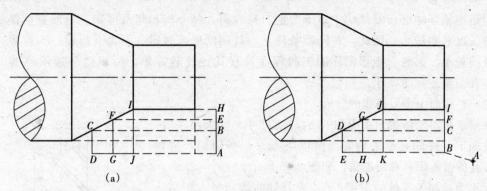

图 2-12　巧用起刀点

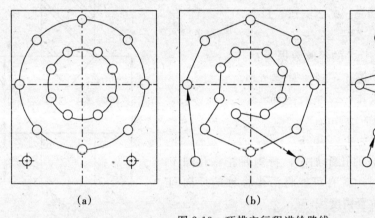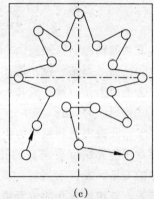

图 2-13　巧排空行程进给路线

分析可知，在点位加工情况下，机床工作台面从一点运动到另一点时，通常是沿 X，Y 坐标轴方向同时快速移动。图 2-13（b）为习惯性加工方法，即先加工完一圈孔后再加工另一圈孔。此时，沿 X，Y 轴各自移距相差较大，短移距方向大运动先停，待长移距方向的运动停下来后刀具才达到目标位置（实现定位）。对于图 2-13（c），沿两轴方向大移距接近，所以定位过程迅速。

③巧设换刀点

为了考虑换刀的方便和安全，有时将换刀点也设置在离工件较远的位置处。

④要合理安排"回零"路线

缩短切削进给路线可有效地提高生产效率，降低刀具的磨损等。

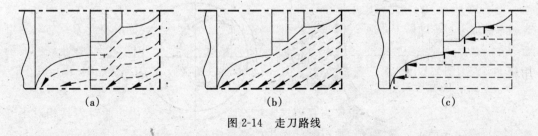

图 2-14　走刀路线

图 2-14 中，（a）图为利用数控系统具有封闭式复合循环功能控制车刀沿工件轮廓进行走刀的路线图；（b）图为利用程序循环功能安排的"三角形"走刀路线图；（c）图为

利用矩形循环功能而安排的"矩形"走刀路线图。经分析和判断可知，矩形进给路线的走刀长度总和最短。因此，在同等条件下，其切削所需时间（不含空行程）为最短，刀具磨损最小。另外，矩形循环加工的程序段格式也比较简单，所以这种进给路线的安排，在指定加工方案上应用较多。

（3）孔加工走刀路线的分析

对于孔加工需确定刀具轴向的运动尺寸，其大小主要由被加工零件的孔深来确定，但也应考虑一些辅助尺寸，如刀具的引入距离和超越量，如图 2-15 所示。

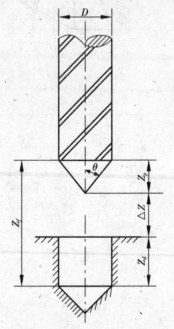

Z_d 为被加工零件的深度；ΔZ 为刀具的轴向引入距离；Z_f 为刀具的轴向位移，即程序中的 Z 坐标尺寸。

$$Z_p = (D \cos \theta)/2 = 0.3\,D \qquad (2\text{-}1)$$

$$Z_f = Z_d + \Delta Z + Z_p \qquad (2\text{-}2)$$

刀具的轴向引入距离 ΔZ 的经验数据为：

①已加工面钻、镗、铰孔，$\Delta Z = 1 \sim 3$ mm。

②毛面上钻、镗、铰孔，$\Delta Z = 5 \sim 8$ mm。

③攻螺纹时，$\Delta Z = 5 \sim 10$ mm。

④钻孔时刀具超越量为 $1 \sim 3$ mm。

对于位置精度要求高的孔系加工，特别要注意孔加工顺序的安排，安排不当时，就有可能将沿坐标轴的反向间隙带入，直接影响孔的位置精度。

图 2-15　数控钻孔的尺寸关系

（4）铣削走刀路线的分析

①轮廓铣削走刀路线的确定

铣削时，为了减少接刀的痕迹，保证轮廓表面的质量，对刀具的切入和切出要仔细设计。铣削外轮廓时采用外延法，即刀具的切入和切出点应沿零件周边外延，也就是沿零件周边的切线方向切入和切出，如图 2-16（a）所示。

铣削封闭内轮廓时，可采用内延法，但如果轮廓曲线不允许延伸，刀具只能沿着轮廓曲线的法向切入和切出，此时刀具的切入和切出点应尽量选在内轮廓曲线两几何元素的交点处，如图 2-16（b）所示。

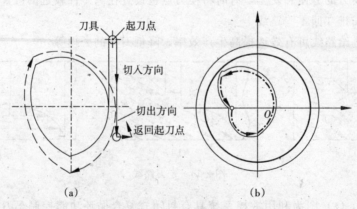

（a）　　　　　　　　　　（b）

图 2-16　刀具切入和切出示意图

注意：在加工轮廓时，应该避免进给停顿，因为在加工过程中工艺系统（由机床、刀具、工件和夹具组成的系统）是平衡在弹性变形状态下，进给停顿之后，切削力显著变小，系统的平衡被破坏，从而刀具在工件表面上留下凹痕，如图 2-17 所示。

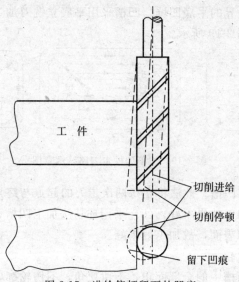

图 2-17　进给停顿留下的凹痕

对于连续铣削轮廓，特别是加工圆弧时，要注意安排好刀具的切入、切出，尽量避免交接处重复加工，否则会出现明显的界限痕迹，如图 2-18 所示。图中刀具从工件坐标原点出发，其走刀路线为 1→2→3→4→5。

用圆弧插补方式铣削外整圆时（图 2-18（a）），要安排刀具从切向进入圆周铣削加工，当整圆加工完毕后，不要在切点处直接取消刀补和退刀，而让刀具多运动一段距离，最好沿切线方向，以免取消刀具补偿时，刀具与工件表面相碰撞，造成工件和刀具报废。

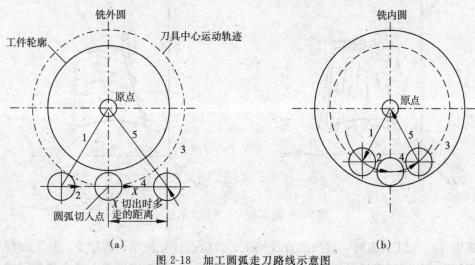

图 2-18　加工圆弧走刀路线示意图

铣削内圆弧时（图 2-18（b）），也要遵守从切向切入的原则，最好安排从圆弧过渡到圆弧的走刀路线。切出时也应多安排一段过渡圆弧再退刀，这样可以降低接刀处的痕迹，从而提高内孔表面的加工精度和表面质量。

②铣削凹槽的走刀路线分析

凹槽是封闭曲线为边界的平底凹坑。凹槽采用平底立铣刀加工，刀具的圆角半径应符合凹槽的图纸要求，如图 2-19 所示。

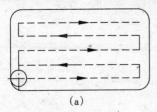 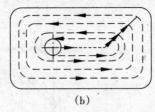 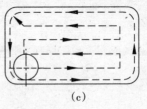

　　　　(a)　　　　　　　　　　(b)　　　　　　　　　　(c)

图 2-19　加工凹槽走刀路线示意图

（a）采用行切法加工凹槽。此法将在每两次走刀的起点与终点间留下残留高度，影响加工表面的粗糙度，故加工效果不好；（b）采用环切法加工凹槽；（c）先采用行切法，最后再环切一刀，光整轮廓表面，故加工效果好。

行切法与环切法的比较：

相同点：都能切净凹槽中的全部面积，不留死角，不伤轮廓，同时尽量减少重复走刀的搭接量。

不同点：环切法的刀位点的数值计算比行切法稍复杂。行切法的走刀路线略优于环切法，但在加工小面积凹槽时，环切的程序要比行切短。

③铣削曲面的走刀路线的分析

铣削曲面时，常用球头铣刀采用"行切法"进行加工。所谓行切法是指刀具与零件轮廓的切点轨迹是一行一行的，而行间的距离按零件加工精度的要求确定。对于边界敞开的曲面加工，可采用两种走刀路线。如图 2-20 所示，由于曲面零件的边界是敞开的，没有其他表面限制，所以曲面边界可以延伸，球头铣刀应由边界外开始加工。

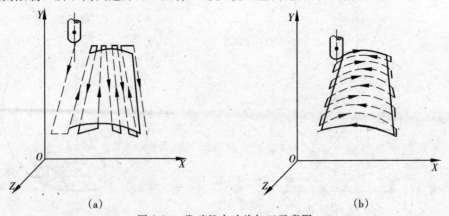

　　　　　(a)　　　　　　　　　　　　　　(b)

图 2-20　发动机大叶片加工示意图

采用（a）加工方案时，每次沿直线加工，刀位点计算简单，程序少，加工过程符合直纹面的形成，可以准确保证母线的直线度；采用（b）加工方案时，符合这类零件数据给出情况，便于加工后检验，叶形的准确度高，但程序较多。

（5）车削走刀路线的分析

①车圆锥的加工路线分析

数控车床上车外圆锥，假设圆锥大径为 D，小径为 d，锥长为 L，车圆锥的加工路线如图 2-21 所示。

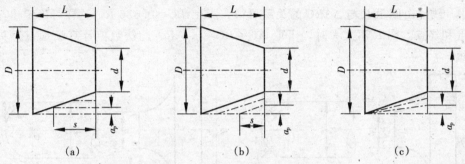

图 2-21　圆锥加工示意图（终刀距 s，背吃刀量 a_p）

（a）为阶梯切削路线，二刀粗车，最后一刀精车；二刀粗车的终刀距 s 要做精确的计算，可由相似三角形计算得：

$$\frac{\frac{D-d}{2}}{L}=\frac{\frac{D-d}{2}-a_p}{s} \tag{2-3}$$

$$s=\frac{L\left(\frac{D-d}{2}-a_p\right)}{\frac{D-d}{2}} \tag{2-4}$$

此种加工路线，刀具背吃刀量相同，但精车时，背吃刀量不同；同时刀具切削运动的路线最短。

（b）为相似斜线切削路线，也需计算粗车时终刀距 s，同样由相似三角形可计算得：

$$\frac{\frac{D-d}{2}}{L}=\frac{a_p}{s} \tag{2-5}$$

$$s=\frac{L\times a_p}{\frac{D-d}{2}} \tag{2-6}$$

按此种加工路线，刀具切削运动的距离较短。

（c）为斜线加工路线，只需确定每次背吃刀量 a_p，而不需计算终刀距，编程方便。但在每次切削中背吃刀量是变化的，且刀具切削运动的路线较长。

②车圆弧的加工路线分析

应用 G02（或 G03）指令车圆弧，若用一刀就把圆弧加工出来，则吃刀量太大，容易打刀。所以，实际车圆弧时，需要多刀加工，先将大多余量切除，最后才能车得所需圆弧，如图 2-22 所示。

（a）为车圆弧的阶梯切削路线。即先粗车成阶梯，最后一刀精车出圆弧。此法在确定了每刀吃刀量 a_p 后，需精确计算出粗车的终刀距 s，即求出圆弧与直线的交点。这种方法的刀具切削运动距离较短，但数值计算较繁。

(b) 为车圆弧的车锥法切削路线。即先车一个圆锥，再车圆弧。但要注意车锥时的起点和终点的确定，若确定不好，则可能损坏圆锥表面，也可能将余量留得过大。确定方法如图所示，连接 OC 交圆弧于 D，过 D 点作圆弧的切线 AB。由几何关系 $CD = OC - OD = \sqrt{2}R - R = 0.414R$，此为车锥时的最大切削余量，即车锥时，加工路线不能超过 AB 线。由图示 R 与 $\triangle ABC$ 的关系可得：$AC = BC = 0.586R$，这样可确定出车锥时的起点和终点。当 R 不太大时，可取 $AC = BC = 0.5R$。此法数值计算烦琐，刀具切削路线短。

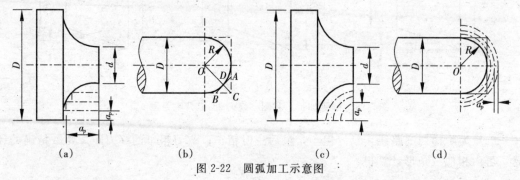

图 2-22　圆弧加工示意图

(c) 图和 (d) 图为车圆弧的同心圆弧切削路线。即用不同的半径圆来车削，最后将所需圆弧加工出来。此法在确定了每次吃刀量 a_p 后，对 90°圆弧的起点、终点坐标较易确定，数值计算简单，编程方便，故常采用。但按 (d) 图加工时，空行程时间较长。

7. 选择加工刀具

应尽可能选用硬质合金刀具或性能更好更耐磨的带涂层刀具。当连续切削平面时，粗铣刀易选较小直径的铣刀，精铣刀易选较大直径的铣刀，最好是能包容待加工面的整个宽度。加工余量大，且加工面不均匀时，刀具直径要选得小些，否则粗加工时会因接刀刀痕过深而影响加工质量。

铣平面轮廓用平头立铣刀，铣空间轮廓时选球头立铣刀。

选择刀具时，要规定刀具的结构尺寸，供刀具组装预调使用；还要保证有可调用的刀具文件；对选定的新刀具应建立刀具文件供编程用。

8. 确定切削用量

对于高效率的金属切削机床加工来说，被加工材料、切削刀具、切削用量是三大要素。这些条件决定着加工时间、刀具寿命和加工质量。经济的、有效的加工方式，要求必须合理地选择切削条件。

编程人员在确定每道工序的切削用量时，应根据刀具的耐用度和机床说明书中的规定去选择。也可以结合实际经验用类比法确定切削用量。在选择切削用量时要充分保证刀具能加工完一个零件，或保证刀具耐用度不低于一个工作班，最少不低于半个工作班的工作时间。

背吃刀量主要受机床刚度的限制，在机床刚度允许的情况下，要尽可能地使背吃刀量等于工序的加工余量，这样可以减少走刀次数，提高加工效率。对于表面粗糙度和精度要求较高的零件，要留有足够的精加工余量，数控加工的精加工余量可比通用机床加工的余量小一些。

编程人员在确定切削用量时，要根据被加工工件的材料、硬度、切削状态、背吃刀量、进给量、刀具耐用度，最后选择合适的切削速度。表 2-1 为车削加工时选择切削条件的参考数据。

表 2-1　　　　　　　　　　　　**车削加工的切削速度**（m/min）

被切削材料名称		轻切削切深 0.5～10 mm 进给量 0.05～0.3 mm/r	一般切削切深 1～4 mm 进给量 0.2～0.5 mm/r	重切削切深 5～12 mm 进给量 0.4～0.8 mm/r
优质碳素结构钢	10$^{\#}$	100～250	150～250	80～220
	45$^{\#}$	60～230	70～220	80～180
合金钢	$\sigma_b \leqslant 750$ MPa	100～220	100～230	70～220
	$\sigma_b > 750$ MPa	70～220	80～220	80～200

2.5　数控加工程序格式

2.5.1　程序基本格式

1. 程序段格式

程序段是可作为一个单位来处理的、连续的字组，是数控加工程序中的一条语句。一个数控加工程序是由若干个程序段组成的。

程序段格式是指程序段中的字、字符和数据的安排形式。现在一般使用字地址可变程序段格式，每个字长不固定，各个程序段中的长度和功能字的个数都是可变的。地址可变程序段格式中，在上一程序段中写明的、本程序段里又无变化的那些字仍然有效，可以不再重写。这种功能字称之为续效字。

程序段格式举例：

N30　G01　X88.1　Y30.2　F500　S3000　T02　M08；N40　X90；（本程序段省略了续效字"G01，Y30.2，F500，S3000，T02，M08"，但它们的功能仍然有效）。

在程序段中，必须明确组成程序段的各要素。移动目标：终点坐标值 X，Y，Z；沿怎样的轨迹移动：准备功能字 G；进给速度：进给功能字 F；切削速度：主轴转速功能字 S；使用刀具：刀具功能字 T；机床辅助动作：辅助功能字 M。

2. 加工程序的一般格式

（1）程序开始符、结束符。程序开始符、结束符是同一个字符，ISO 代码中是%，EIA 代码中是 EP，书写时要单列一段。

（2）程序名。程序名有两种形式：一种是由英文字母 O 和 1～4 位正整数组成；另一种是由英文字母开头，字母数字混合组成的。一般要求单列一段。

（3）程序主体。程序主体是由若干个程序段组成的。每个程序段一般占一行。

（4）程序结束指令。程序结束指令可以用 M02 或 M30。一般要求单列一段。

加工程序的一般格式举例：

```
%                                                        （开始符）
O1000                                                    （程序名）
N10    G00    G54    X50    Y30    M03    S3000;
N20    G01    X88.1  Y30.2  F500   T02    M08;
N30           X90;                                       （程序主体）
……
N300          M30;
%                                                        （结束符）
```

2.5.2　程序指令分类

　　数控程序中所用的代码，主要有 G 代码、辅助功能 M 代码、进给功能 F 代码、主轴转速功能 S 代码、刀具功能 T 代码等。在数控编程中，用各种 G 指令和 M 指令来描述工艺过程的各种操作和运动特征。现在国际上广泛采用 ISO 1056-1975E 标准，我国等效采用该标准制定了 JB/T 3208-1999 标准，它与国际上使用的 ISO 1056-1975E 标准基本一致。

　　1.G 功能

　　G 指令是使数控机床建立起某种加工指令方式，如规定刀具和工件的相对运动轨迹（即规定插补功能）、刀具补偿、固定循环、机床坐标系、坐标平面等多种加工功能。G 指令由地址符 G 和后面的两位数字组成，从 G00 到 G99 共 100 种。G 代码是程序的主要内容，JB/T 3208-1999 标准规定如表 2-2 所示。

表 2-2　　　　　　　　　　　　　　G 功能字含义表

代码	功能保持到被取消或被同样字母表示的程序指令所代替	功能仅在所出现的程序段内有效	功能
G00	a		点定位
G01	a		直线插补
G02	a		顺时针圆弧插补
G03	a		逆时针圆弧插补
G04		*	暂停
G05	#	#	不指定
G06	a		抛物线插补
G07	#	#	不指定
G08		*	加速
G09		*	减速
G10～G16	#	#	不指定
G17	c		XY 平面选择
G18	c		ZX 平面选择
G19	c		YZ 平面选择
G20～G32	#	#	不指定
G33	a		螺纹切削，等螺距

续表

代码	功能保持到被取消或被同样字母表示的程序指令所代替	功能仅在所出现的程序段内有效	功能
G34	a		螺纹切削，增螺距
G35	a		螺纹切削，减螺距
G36～G39	#	#	永不指定
G40	d		刀具补偿/刀具偏置注销
G41	d		刀具补偿（左）
G42	d		刀具补偿（右）
G43	# (d)	#	刀具偏置（正）
G44	# (d)	#	刀具偏置（负）
G45	# (d)	#	刀具偏置＋/＋
G46	# (d)	#	刀具偏置＋/－
G47	# (d)	#	刀具偏置－/－
G48	# (d)	#	刀具偏置－/＋
G49	# (d)	#	刀具偏置 0/＋
G50	# (d)	#	刀具偏置 0/
G51	# (d)	#	刀具偏置＋/0
G52	# (d)	#	刀具偏置－/0
G53	f		直线偏移注销
G54	f		直线偏移 X
G55	f		直线偏移 Y
G56	f		直线偏移 Z
G57	f		直线偏移 XY
G58	f		直线偏移 XZ
G59	f		直线偏移 YZ
G60	h		准确定位 1（精）
G61	h		准确定位 2（中）
G62	h		准确定位（粗）
G63		*	攻丝
G64～G67	#	#	不指定
G68	# (d)	#	刀具偏置，内角
G69	# (d)	#	刀具偏置，外角
G70～G79	#	#	不指定
G80	e		固定循环注销
G81～G89	e		固定循环
G90	j		绝对尺寸
G91	j		增量尺寸

续表

代码	功能保持到被取消或被同样字母表示的程序指令所代替	功能仅在所出现的程序段内有效	功能
G92		*	预置寄存
G93	k		时间倒数，进给率
G94	k		每分钟进给
G95	k		主轴每转进给
G96	i		恒线速度
G97	i		主轴每分钟转数
G98、G99	#	#	不指定

注：①"#"号表示如选作特殊用途，必须在程序格式中说明。②在直线切削控制中没有刀具补偿，则 G43～G52 可指定其他用途。③在表中左栏括号内的字母（d）表示：可以被同栏中没有括号的字母 d 所注销或代替，也可被有括号的字母（d）所注销或代替。④G45～G52 的功能可用于机床上任意两个预定的坐标。⑤控制机上没有 G53～G59 和 G63 功能时，可以指定其他用途。

表内标有字母 a，c，d，……的表示所对应的第一列中的 G 代码为模态代码（又称为续效代码），字母相同的为一组，同组的任意两个 G 代码不能同时出现在一个程序段中。模态代码在一个程序段中一经指定，便保持到以后程序段中，直到出现同组的另一个代码时才失效。在某一程序段中一经应用某一模态 G 代码，如果后续的程序段中还有相同功能的操作，且没有出现过同组 G 代码时，则在后续的程序段中可以不再指定和书写这一功能代码。表中标有"*"的为非模态代码，且只有书写了该代码才有效，即只在所出现的程序段有效。表中说明"不指定"的代码，用作将来修订标准时要指定新功能；"永不指定"的代码，说明即使将来修订标准时，也不指定新功能。这两类代码可由数控系统设计者根据需要自行定义表中所列功能之外的新功能，为方便用户使用，要在机床说明书中给予说明。

2. 辅助功能（M 指令）

辅助功能指令用于指定主轴的启停、正反转、冷却液的开关、工件或刀具的夹紧与松开、刀具的更换等。辅助功能由指令地址符 M 和后面的两位数字组成，也有 M00～M99 共 100 种。M 指令也分为续效指令与非续效指令。JB/T 3208－1999 标准对此规定如表 2-3 所示。

表 2-3　　　　　　　　　辅助功能 M 代码（JB/T 3208－1999）

代码	功能开始时间		功能保持到被注销或被适当程序指令所代替	功能仅在所出现的程序段内有作用	功能
	与程序段指令运动同时开始	在程序段指令运动完成后开始			
M00		*		*	程序停止
M01		*		*	计划停止
M02		*		*	程序结束
M03	*		*		主轴顺时针方向
M04	*		*		主轴逆时针方向
M05		*	*		主轴停止

续表

代码	功能开始时间		功能保持到被注销或被适当程序指令所代替	功能仅在所出现的程序段内有作用	功能
	与程序段指令运动同时开始	在程序段指令运动完成后开始			
M06	*	*		*	换刀
M07	*		*		2 号冷却液开
M08	*		*		1 号冷却液开
M09		*	*		冷却液关
M10	*	*	*		夹紧
M11	*	*	*		松开
M12	*	*	*	*	不指定
M13	*		*		主轴顺时针方向，冷却液开
M14	*		*		主轴逆时针方向，冷却液开
M15	*			*	正运动
M16	*			*	负运动
M17～M18	*	*	*	*	不指定
M19		*	*		主轴定向停止
M20～M29	*	*	*	*	永不指定
M30		*	*		纸带结束
M31	*	*		*	互锁旁路
M32～M35	*	*	*	*	不指定
M36	*		*		进给范围 1
M37	*		*		进给范围 2
M38	*		*		主轴速度范围 1
M39	*		*		主轴速度范围 2
M40～M45	*	*	*	*	齿轮换挡
M46～M47	*	*	*	*	不指定
M48		*	*		注销 M49
M49	*		*		进给率修正旁路
M50	*		*		3 号冷却液开
M51	*		*		4 号冷却液开
M52～M54	*	*	*	*	不指定
M55	*		*		刀具直线位移，位置 1
M56	*		*		刀具直线位移，位置 2
M57～M59	*	*	*	*	不指定
M60		*			更换工件
M61	*		*		工件直线位移，位置 1

代码	功能开始时间		功能保持到被注销或被适当程序指令所代替	功能仅在所出现的程序段内有作用	功能
	与程序段指令运动同时开始	在程序段指令运动完成后开始			
M62			*		工件直线位移，位置2
M63～M70	*	*	*	*	不指定
M71	*		*		工件角度位移，位置1
M72	*		*		工件角度位移，位置2
M73～M89	*	*	*	*	不指定
M90～M99	*	*	*	*	永不指定

注：①"＊"号表示如选作特殊用途，必须在程序说明中说明。②M90～M99可指定为特殊用途。

常用M指令如下：

（1）M00——程序停止指令。M00使程序停止在本段状态，不执行下段。执行完含有M00的程序段后，机床的主轴、进给、冷却都自动停止，但全部现存的模态信息保持不变，重按控制面板上的循环启动键，便可继续执行后续程序。该指令可用于自动加工过程中停车进行测量工件尺寸、工件调头、手动变速等操作。

（2）M01——计划停止指令。该指令与M00相似，不同的是必须预先在控制面板上按下"任选停止"键，当执行到M01时程序才停止；否则，机床仍不停地继续执行后续的程序段。该指令常用于工件尺寸的停机抽样检查等，当检查完成后，可按启动键继续执行以后的程序。

（3）M02——程序结束指令。用此指令使主轴、进给、冷却全部停止，并使机床复位。M02必须出现在程序的最后一个程序段中，表示加工程序全部结束。

（4）M03，M04，M05——主轴顺时针方向旋转/逆时针方向旋转、停止指令。M03表示主轴正转，M04表示主轴反转，M05表示主轴停止。

（5）M06——换刀指令。该指令用于具有自动换刀装置的机床。

3. 进给功能（F功能）

F指令为进给速度指令，用来指定坐标轴移动进给的速度。F代码为续效代码，一经设定后如未被重新指定，则先前所设定的进给速度继续有效。该指令一般有以下两种表示方法：

（1）代码法。代码法后面的数字不直接表示进给速度的大小，而是机床进给速度数列的序号。

（2）直接指定法。F后面的数字就是进给速度的大小，如F150表示进给速度为150 mm/min。这种方法比较直观，目前大多数数控机床都采用直接指定法。

4. S功能

S指令用来指定主轴转速，用字母及后面的1～4位数字表示，有恒转速（单位为r/min）和恒线转速（单位为m/min）两种指令方式。S指令只是设定主轴转速的大小，并不会使主轴回转，必须有M03（主轴正转）或M04（主轴反转）指令时，主轴才开始旋转。S指令是续效代码。

5. T 功能

T 指令用于选择所需的刀具，同时还可用来指定刀具补偿号。一般加工中心程序中的 T 代码后的数字直接表示所选择的刀具号码，如 T12 表示 12 号刀；数控车床程序中的 T 代码后的数字既包含所选择的刀具号，也包含刀具补偿号，如 T0102，表示选择 1 号刀，调用 2 号刀补参数。

需要说明的是，尽管数控代码是国际通用的，但是各个数控系统制造厂家往往自定了一些编程规则，不同的系统有不同的指令方法和含义，具体应用时要参阅该数控机床的编程说明书，遵守编程手册的规定，这样编制的程序才能为具体的数控系统所接受。

[思考与练习]

2-1 试分析数控编程的内容和步骤。

2-2 什么是工件坐标系？如何确定工件坐标系？

2-3 试述机床坐标系与工件坐标系的区别与联系。

2-4 确定对刀点时应考虑哪些因素？

2-5 确定走刀路线时应考虑哪些问题？

2-6 举例说明程序的基本格式。

2-7 简述程序指令的分类。

第 3 章 数控车床加工程序的编制

数控车床是目前使用最广泛的数控机床之一。数控车床主要用于加工轴类、套类和盘类等回转体零件。通过数控加工程序的运行，可自动完成内外圆柱面、圆锥面、成形表面、螺纹和端面等工序的切削加工，并能进行车槽、钻孔、扩孔、铰孔等工作。车削中心可在一次装夹中完成更多的加工工序，提高加工精度和生产效率，特别适合于复杂形状回转类零件的加工。

数控车床种类繁多、规格不一，主要有数控卧式车床、数控立式车床和数控专用车床；也可按数控车床的档次分为简易数控车床、经济型数控车床、全功能数控车床、精密数控车床、数控车削中心和 FMC 数控车床。本章内容主要以数控卧式车床为例来介绍其程序编制。

3.1 数控车床编程基础

3.1.1 数控车床的坐标系统

数控车床坐标系统分为机床坐标系和工件坐标系（编程坐标系）。无论哪种坐标系统都规定与车床主轴轴线平行的方向为 Z 轴，且规定从卡盘中心至尾座顶尖中心的方向为正方向。在水平面内与车床主轴轴线垂直的方向为 X 轴，且规定刀具远离主轴旋转中心的方向为正方向。

1. 机床坐标系

机床坐标系是数控机床安装调试时便设定好的一个固定坐标系。它是制造和调整机床的基础，也是设置工件坐标系的基础。在机床经过设计、制造和调整后，机床坐标系就已经由机床生产厂家确定好了，通常不允许用户随意改动。数控车床坐标系的原点也称机床原点或机械原点，从机床设计的角度来看，该点位置可以任选，但从使用某一具体机床来看，这一点却是机床上的一个固定的点。机床原点一般取在卡盘端面与主轴中心线的交点处，如图 3-1 所示的 O 点。

2. 机床参考点

机床参考点是机床坐标系中一个固定不变的极限点，它是运动部件回到正向极限的位置。该点与机床原点的相对位置如图 3-1 所示（图中的 O' 即为参考点）。参考点的固定位置由 Z 向和 X 向的机械挡块或者电气装置来限定，一般设在车床正向最大极限位置。在机床接通电源后，通常都要作回参考点（也叫回零）的操作，装在纵向和横向滑板上的行

程开关碰到相应的挡块后，就会向数
控系统发出信号，由系统控制滑板停
止运动，完成回参考点的操作；显示
器即显示出机床参考点在机床坐标系
中的坐标值，表明机床坐标系已自动
建立。对操作者来说，参考点比机床
原点更常用、更重要。

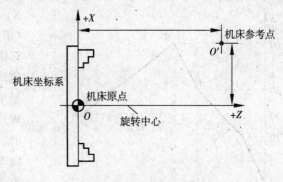

图 3-1　机床坐标系

　　机床参考点已由机床制造厂测定
后输入数控系统，并且记录在机床说
明书中，用户不得更改。

　　3. 工件坐标系（编程坐标系）和工件原点

　　工件坐标系是编程人员在编制程序时使用的坐标系，程序中的坐标值均以此坐标系为依据，因此又称为编程坐标系。在进行数控程序编制时，首先必须确定工件坐标系和坐标原点。

　　零件图样给出以后，首先应该找出图样上的设计基准点，图样上其他各尺寸都是以该基准来进行标注的。同时，在零件加工过程中有工艺基准，设计基准应尽量与工艺基准统一。一般情况下，将该基准称为工件原点。

　　以工件原点为坐标原点建立起来的坐标系称为工件坐标系。工件坐标系是人为设定的，从理论上讲，工件坐标系的坐标原点选在任何位置都是可以的，但在实际编程过程中，其设定的依据既要符合图样尺寸的标注习惯，又要便于编程。所以，应合理设定工件坐标系。工件坐标系一旦建立便一直有效，直到被新的工件坐标系所取代。

　　工件坐标系设定后，CRT 屏幕上所显示的便是车刀刀尖相对工件原点的坐标值。编程时，工件的各个尺寸坐标都是相对于工件原点而言的。因此，数控车床的工件原点也称为程序原点。

　　通常在车床上将工件原点选择在工件右端面与主轴回转中心的交点上，也可将工件原点选择在工件左端面与主轴回转中心
的交点上，这样工件坐标系也就建立
起来了。因为一般情况下，车刀是从
右端向左端车削，所以将工件原点设
在工件的右端面要比设定在工件的左
端面换算尺寸更方便。

　　图 3-2 所示为数控车床上常用的
以工件右端面中心为工件原点建立的
工件坐标系。由此可见，工件坐标系
的 Z 轴与主轴轴线重合，X 轴随工件

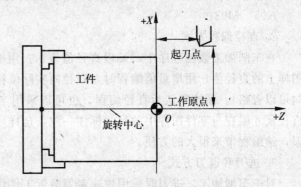

图 3-2　工件坐标系与工件原点

原点的不同而异，各轴正方向与机床坐标系相同。

3.1.2　数控车床编程特点

1. 坐标的选用

在一个程序段中，根据图纸上标注的尺寸，编程人员可以采用绝对坐标值编程（用

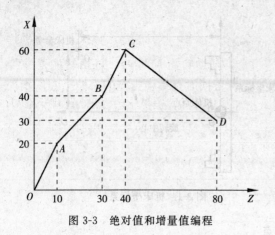

图 3-3　绝对值和增量值编程

X，Z 表示），也可以采用增量坐标值编程（用 U，W 表示）或二者混合编程。绝对坐标值编程是指程序段中的坐标点（X，Z）值均是终点坐标相对丁坐标原点计量的；增量坐标值编程是指程序段中的坐标点（U，W）值均是终点坐标相对于起点坐标计量的。U，W 的正负由行程方向确定，行程方向与机床坐标系方向相同时为正，反之为负。

以图 3-3 为例，刀具从坐标原点 O 依次沿 A—B—C—D 运动，用绝对值方式编程。

程序如下：

N01　G01　　　　X40.0　Z10.0　F120；　　(O~A)（进给速度为 120 mm/min）

N02　　X80.0　　Z30.0；　　　　　　　　(A~B)

N03　　X120.0　Z40.0；　　　　　　　　(B~C)

N04　　X60.0　　Z80.0；　　　　　　　　(C~D)

N05　　M02；

用增量值编程时，程序段中的轨迹坐标都是相对于前一位置坐标的增量尺寸，用 U 和 W 及其后的数字分别表示 X 和 Z 方向的增量尺寸。仍以图 3-3 为例，在下列用增量值编写的程序中，各点坐标都是相对于前一点位置来编写的。

N01　G01　　U40.0　　W10.0　　F120；　　(O~A)

N02　　U40.0　　　W20.0　　　　　　　　(A~B)

N03　　U40.0　　　W10.0　　　　　　　　(B~C)

N04　　U-60.0　　W40.0；　　　　　　　(C~D)

N05　　M02；

2. 直径编程方式

在车削加工数控程序中，X 以直径值表示；用绝对值编程时，X 轴的坐标值取为零件图样上的直径值，用增量值编程时，以径向实际位移量的二倍值表示，并附方向符号（正向可以省略）。系统默认为直径编程，也可以采用半径编程，但必须更改系统设定。采用直径尺寸编程与零件图样中的尺寸标注一致，这样可以避免尺寸换算过程中可能造成的错误，给编程带来很大的方便。

3. 进刀和退刀方式

对于车削加工，进刀时采用快速走刀接近工件切削起点附近的某个点后，再改用切削速度进给，以减少空走刀的时间，提高加工效率。切削起点的确定与工件毛坯余量大小有关，应以刀具快速走到该点时刀尖不与工件发生碰撞为原则。

车削加工毛坯余量较大时，为简化编程，数控装置常备有不同形式的固定循环，可以进行多次重复循环切削。编程时，常认为车刀刀尖是一个点，而实际上为了提高刀具寿命和工件表面质量，车刀刀尖常被磨成一个圆弧，因此当编制加工程序时，需要考虑对刀具进行半径补偿。

3.1.3　数控车床常用编程指令

在数控加工程序中，主要有准备功能 G 指令、辅助功能 M 指令、进给功能 F 指令、主轴转速功能 S 指令和刀具功能 T 指令。数控系统不同时，编程指令的功能会有所不同，编程时需参考机床制造厂的编程说明书。本教材主要介绍 FANUC 0i 系统的编程指令。

1. 准备功能 G 指令

准备功能 G 指令通常称为基本功能指令，FANUC 0i 准备功能 G 指令见表 3-1。

表 3-1　　　　　　　　　　　数控车床的准备功能指令

G 代码			组	功能
A	B	C		
G00	G00	G00	01	点定位
G01	G01	G01	01	直线插补
G02	G02	G02	01	顺时针圆弧插补
G03	G03	G03	01	逆时针圆弧插补
G04	G04	G04	00	暂停
G10	G10	G10	00	可编程数据输入
G11	G11	G11	00	可编程数据输入方式取消
G12	G12.1	G12.1	21	极坐标插补方式
G13	G13.1	G13.1	21	极坐标插补方式取消
G17	G17	G17	16	选择 XY 平面
G18	G18	G18	16	选择 XZ 平面
G19	G19	G19	16	选择 YZ 平面
G20	G20	G70	06	英寸输入
G21	G21	G71	06	毫米输入
G22	G22	G22	09	存储行程检查接通
G23	G23	G23	09	存储行程检查断开
G25	G25	G25	08	主轴速度波动检测断开
G26	G26	G26	08	主轴速度波动检测接通
G27	G27	G27	00	返回参考点检查
G28	G28	G28	00	返回参考位置
G30	G30	G30	00	返回第 2，3，4 参考点
G31	G31	G31	00	跳转功能
G32	G33	G33	01	螺纹切削
G34	G34	G34	01	变螺距螺纹切削
G36	G36	G36	00	自动刀具补偿 X
G37	G37	G37	00	自动刀具补偿 Z
G40	G40	G40	07	刀具半径补偿取消
G41	G41	G41	07	刀具半径补偿，左侧

G代码			组	功能
A	B	C		
G42	G42	G42	07	刀具半径补偿，右侧
G50	G92	G92	00	坐标系设定或最大主轴速度设定
G50.3	G92.1	G92.1	00	工件坐标系预置
G52	G52	G52	00	局部坐标系设定
G53	G53	G53	00	机床坐标系设定
G54	G54	G54	14	选择工件坐标系1
G54.1	G54.1	G54.1	14	选择附加工件坐标系
G55	G55	G55	14	选择工件坐标系2
G56	G56	G56	14	选择工件坐标系3
G57	G57	G57	14	选择工件坐标系4
G58	G58	G58	14	选择工件坐标系5
G59	G59	G59	14	选择工件坐标系6
G65	G65	G65	00	宏程序调用
G66	G66	G66	12	宏程序模态调用
G67	G67	G67	12	宏程序模态调用取消
G70	G70	G72	00	精加工循环
G71	G71	G73	00	粗车外圆
G72	G72	G74	00	粗车端面
G73	G73	G75	00	多重车削循环
G74	G74	G76	00	排屑钻端面孔
G75	G75	G77	00	外径/内径钻孔
G76	G76	G78	00	多头螺纹循环
G80	G80	G80	10	固定钻循环取消
G83	G83	G83	10	钻孔循环
G84	G84	G84	10	攻丝循环
G85	G85	G85	10	正面镗循环
G87	G87	G87	10	侧钻循环
G88	G88	G88	10	侧攻丝循环
G89	G89	G89	10	侧镗循环
G90	G77	G20	01	外径/内径车削循环
G92	G78	G21	01	螺纹切削循环
G94	G79	G24	01	端面车削循环
G96	G96	G96	02	恒表面切削速度控制
G97	G97	G97	02	恒表面切削速度控制取消
G98	G94	G94	05	每分进给

续表

G 代码			组	功能
A	B	C		
G99	G95	G95	05	每转进给
-	G90	G90	03	绝对值编程
-	G91	G91	03	增量值编程
-	G98	G98	11	返回到起始平面
-	G99	G99	11	返回到 R 平面

注：①表 3-1 中的 G 功能以组别可区分为两类，属于"00"组别者，为非模态指令；属于"非 00"组别者，为模态指令。模态指令又称续效指令，一经程序段中指定，便一直有效，直到以后程序段中出现同组另一指令或被其他指令取消时才失效。编写程序时，与上段相同的模态指令可省略不写。不同组模态指令编在同一程序段内，不影响其续效。例如：

    N0010 G91 G01 X20 Y20 Z-5 F150；
    N0020 X35；
    N0030 G90 G00 X0 Y0 Z100 M02；

上例中，第一段出现两个模态指令，即 G91 和 G01，因它们不同组而均续效，其中 G91 功能延续到第三段出现 G90 时才失效；G01 功能在第二段中继续有效，至第三段出现 G00 时才失效。

②表 3-1 中 BEIJING－FANUC 0i 数控系统的 G 功能有 A，B，C 三种类型，一般数控车床大多设定为 A 类型，本教材介绍 A 类型的 G 功能。

2. 辅助功能指令

辅助功能指令又称 M 指令或 M 代码。这类指令的作用是控制机床或系统的辅助功能动作，如冷却泵的开、关；主轴的正、反转；程序结束等。M 指令由字母 M 和其后两位数字组成。FANUC 0i 数控系统常用辅助功能指令，如表 3-2 所示。

表 3-2   M 辅助功能

代码	功能与程序段运动同时开始	功能在程序段运动完后开始	功能	代码	功能与程序段运动同时开始	功能在程序段运动完后开始	功能
(1)	(2)	(3)	(4)	(1)	(2)	(3)	(4)
M00		*	程序停止	M08	*		1 号切削液开
M01		*	计划停止	M09		*	切削液关
M02		*	程序结束	M10	*	*	夹紧
M03	*		主轴顺时针方向	M11	*	*	松开
M04	*		主轴逆时针方向	M30		*	纸带结束
M05		*	主轴停止	M98			
M06	*	*	换刀	M99	*	*	返回主程序
M07	*		2 号切削液开				

3. 其他功能指令

除了 G 指令和 M 指令外，编程时还应有 F 功能、S 功能、T 功能等。

F 功能也称进给功能，其作用是指定执行元件（如刀架、工作台等）的进给速度。程序中用 F 和其后数字组成，单位可以是 mm/min（一般为整数），也可以是 mm/r（一般为小数）。

S 功能也称主轴转速功能，其作用是指定主轴的转速。程序中用 S 和其后数字组成，单位为 r/min。

T 功能也称刀具功能，其作用是指定刀具序号及刀补偏置值。程序中由 T 和其后数字组成（若为 4 位数，则有补偿；若为 2 位数，则无补偿）。

3.2　数控车床基本功能指令及其编程

不同的数控车床，其指令系统也不尽相同。此处以 FANUC 0i 数控系统为例，介绍常用的各种基本功能编程指令。

3.2.1　基本功能指令

基本功能指令通常称为准备功能指令，用 G 代码表示，又称为 G 功能编程，它是建立机床或使数控机床做好某种运动方式的准备指令，用地址 G 和后面的两位数字来表示。

G 代码分为模态代码（又称续效代码）和非模态代码两种。所谓模态代码是指某一 G 代码（如 G01）一经指定就一直有效，直到后边程序段中使用同组 G 代码（如 G03）才能取代它。而非模态代码只在指定的本程序段中有效，当下一段程序需要时必须重写（如 G04）。

1. 坐标系设定

当工件安装在卡盘上以后，机床坐标系一般与工件坐标系是不重合的，数控系统并不知道用户的编程坐标系在什么位置，因此，编程人员必须建立工件坐标系，使刀具在此坐标系中进行加工。

（1）G50 指令设定工件坐标系。用 G50 指令设定工件坐标系时，其书写格式为：

G50　X＿＿　Z＿＿；

其中，X 和 Z 坐标值为开始加工时刀尖的起始点至工件原点的距离。

说明：该指令只是告诉数控系统，刀尖点相对于工件原点的位置，数控系统内部对该位置进行记忆，并显示在显示器上，这就相当于在系统内部建立了一个以工件原点为坐标原点的工件坐标系。

G50 是模态指令，设定后一直有效。实际加工时，当数控系统执行 G50 指令时，刀具并不产生运动，G50 指令只是起预置寄存作用，用来存储工件原点在机床坐标系中的位置坐标，一般作为第一条指令放在整个程序的前面。

下面举例说明，如图 3-4 所示，若选工件右端面 O 点为坐标原点时，则程序段为：

G50　X121.8　Z33.9；

若选工件左端面 O' 点为坐标原点时，则程序段为：

G50　X121.8　Z109.7；

显然，X 和 Z 的尺寸不同，所设定的工件坐标系的工作原点位置也不同。因此，在执行该程序段前，必须先进行对刀，通过调整机床，将刀尖放在程序所要求的起刀点位置上。对具有刀具补偿功能的机床，其对刀误差还可以通过刀具偏移来补偿，所以调整机床时的要求并不严格。

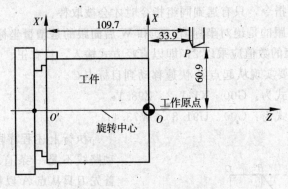

图 3-4　工件坐标系设定

（2）工件坐标系的选择指令 G54～G59。使用此指令，可以在机床行程范围内设置 6 个不同的工件坐标系。这些指令和 G50 指令相比，在使用时有很大区别。用 G50 指令设定工件坐标系，是在程序中用程序段中的坐标值直接进行设置；而用 G54～G59 指令设置工件坐标系时，首先必须将 G54～G59 的坐标值设置在原点偏置寄存器中，编程时再分别用 G54～G59 指令调用，在程序中只写 G54～G59 指令中的一个指令。

例如，用 G54 指令设定如图 3-5 中所示的工件坐标系。首先设置 G54 原点偏置寄存器：G54　X0　Z85.0；然后再在程序中调用：N010　G54；

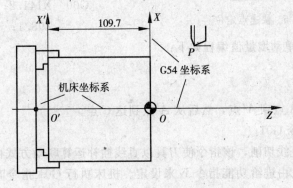

图 3-5　用 G54 指令设定工件坐标系

显然，对于多工件原点设置，采用 G54～G59 原点偏置寄存器存储所有工件原点与机床原点的偏置量，然后在程序中直接调用 G54～G59 指令进行原点偏置是很方便的。因为一次对刀就能加工一批工件，刀具每加工完一件后可回到任意一点，且不需再对刀，避免了加工每件都对刀的操作，所以大批量生产主要采用此种方式。

2. 快速点定位指令 G00

指令格式：G00　X（U）__ Z（W）__；

其中，X（U）__ 和 Z（W）__ 为目标点坐标值。

说明：

（1）执行该指令时，刀具以点位控制方式从刀具所在点快速运动到下一个目标点。它只是快速定位，而无运动轨迹要求。移动速度不能由程序指令设定，它的速度已由生产厂家预先调定。若编程时设定了进给速度 F，则对 G00 程序段无效。

（2）G00 为模态指令，只有遇到同组指令时才会被取替。

（3）X 和 Z 后面跟的是绝对坐标值，U 和 W 后面跟的是增量坐标值。

（4）X 和 U 后面的数值应乘以 2，即以直径方式输入，且有正、负号之分。

如图 3-6 所示，要实现从起点 A 快速移动到目标点 C。

其绝对值编程方式为：G00　X141.2　Z98.1；

其增量值编程方式为：G00　U91.8　　W73.4；

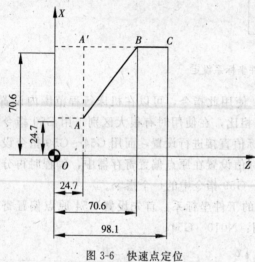

图 3-6　快速点定位

执行上述程序段时，刀具实际的运动路线不是一条直线，而是一条折线，首先刀具从点 A 以快速进给速度运动到点 B，然后再运动到点 C。因此，在使用 G00 指令时要注意刀具是否和工件及夹具发生干涉，对不适合联动的场合，两轴可单动。如果忽略这一点，就容易发生碰撞，而在快速状态下的碰撞就更加危险。

图 3-6 中从 A 点到 C 点单动绝对值编程方式如下：

G00　X141.2；

　　　Z98.1；

从 A 点到 C 点单动增量值编程如下：

G00　U91.8；

　　　W73.4；

此时刀具先从 A 点到 A′点，然后从 A′点到达 C 点。

3. 直线插补指令 G01

直线插补也称直线切削，该指令使刀具以直线插补运算联动方式由某坐标点移动到另一坐标点，移动速度由进给功能指令 F 来设定。机床执行 G01 指令时，如果之前的程序段中无 F 指令，则在该程序段中必须含有 F 指令。G01 和 F 都是模态指令。

格式：G01　X（U）＿ Z（W）＿ F＿；

说明：

（1）X（U）和 Z（W）为目标点坐标，F 为进给速度。

（2）G01 指令是模态指令，可加工任意斜率的直线。

（3）G01 指令后面的坐标值取绝对尺寸还是取增量尺寸，由尺寸地址决定。

（4）G01 指令进给速度由模态指令 F 决定。如果在 G01 程序段之前的程序段中没有 F 指令，而当前的 G01 程序段中也没有 F 指令，则机床不运动；机床倍率开关在 0％ 位置时机床也不运动。因此，为保险起见 G01 程序段中必须含有 F 指令。

（5）G01 指令前若出现 G00 指令，而该句程序段中未出现 F 指令，则 G01 指令的移动速度以 G00 指令的速度执行。

注意：车削时快速定位目标点不能直接选在工件上，一般要离开工件表面 2～5 mm。

例 3-1　加工如图 3-7 所示的零件，选右端面 O 点为编程原点。

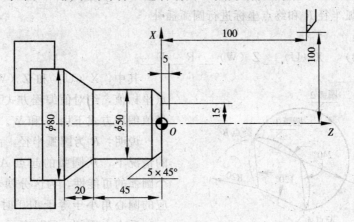

图 3-7　直线插补

程序（绝对值编程）如下：

```
O0301
N010    G50      X200.0    Z100.0；
N020    G00      X30.0     Z5.0      S800   T0101   M03；
N030    G01      X50.0     Z-5.0     F1.3；
N040    Z-45.0；
N050    X80.0    Z-65.0；
N060    G00      X200.0    Z100.0    T0100；
N070    M05；
N080    M02；
```

程序（增量值编程）如下：

```
O0312
N010    G00      U-170.0   W-95.0    S800   T0101   M03；
N020    G01      U20.0     W-10.0    F1.3；
N030    W-40.0；
N040    U30.0    W-20.0；
N050    G00      U120.0    W165.0    T0100；
N060    M05；
N070    M02；
```

4. 圆弧插补指令 G02，G03

圆弧插补指令使刀具在指定平面内按给定的进给速度作圆弧运动，切削出的母线为圆弧曲线的回转体。顺时针圆弧插补用 G02 指令，逆时针圆弧插补用 G03 指令。

数控车床是两坐标的数控机床，只有 X 轴和 Z 轴，在判断圆弧的顺、逆时，应按右手定则将 Y 轴也加上去考虑。观察者让 Y 轴的正向指向自己，即可判断圆弧的逆、顺方向。应该注意前置刀架与后置刀架的区别。

加工圆弧时，经常有两种方法：一种是采用圆弧的半径和终点坐标来编程，另一种是采用分矢量和终点坐标来编程。

（1）用圆弧半径 R 和终点坐标进行圆弧插补

程序格式：

G02（G03）　　X（U）＿Z（W）＿R＿F＿；

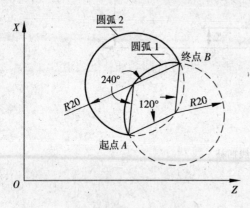

图 3-8　圆弧插补时的半径处理

其中，X（U）和 Z（W）为圆弧的终点坐标值，绝对值编程方式下用 X 和 Z，增量值编程方式下用 U 和 W。

说明：R 为圆弧半径，由于在同一半径的情况下，从圆弧的起点 A 到终点 B 有两个圆弧的可能性，为区分两者，规定圆弧对应的圆心角小于等于 180°时，用"＋R"表示；反之，用"－R"表示。如图 3-8 中的圆弧 1，所对应的圆心角为 120°，所以圆弧半径用"＋20"表示；圆弧 2 所对应的圆心角为 240°，所以圆弧半径用"－20"表示。F 为加工圆弧时的进给量。

例 3-2　如图 3-9 所示零件，试编制加工程序。

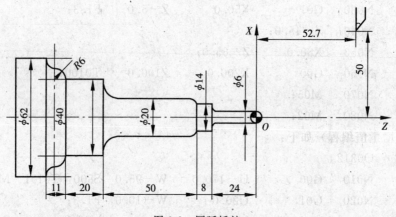

图 3-9　圆弧插补

程序如下：

```
O0302
N001　G50　X100.0　Z52.7；
N002　S800　M03；
N003　G00　X6.0　Z2.0；
N004　G01　Z－20.0　F1.3；
N005　G02　X14.0　Z－24.0　R4.0；
N006　G01　W－8.0；
N007　G03　X20.0　W－3.0　R3.0；
```

N008　G01　W−37.0；

N009　G02　U20.0　　　　W−10.0　R10.0；

N010　G01　W−20.0；

N011　G03　X52.0　　　　W−6.0　R6.0；

N012　G02　U10.0　　　　W−5.0　R5.0；

N013　G00　X100.0　　　Z52.7；

N014　M05；

N015　M02；

（2）用分矢量 I，K 和圆弧终点坐标编写圆弧加工程序进行圆弧插补

格式：G02（G03）　X（U）＿＿Z（W）＿＿I＿＿K＿＿F＿＿；

其中，X（U）和 Z（W）为圆弧的终点坐标值，绝对值编程方式下用 X 和 Z，增量值编程方式下用 U 和 W。

说明：I，K 分别为圆弧的方向矢量在 X 轴和 Z 轴上的投影（I 为半径值）。圆弧的方向矢量是指从圆弧起点指向圆心的矢量，然后将其在 X 轴和 Z 轴上分解，分解后的矢量用其在 X 轴和 Z 轴上的投影加上正负号表示，当分矢量的方向与坐标轴的方向不一致时取负号。如图 3-10 所示，图中所示 I 和 K 均为负值。

F 为加工圆弧时的进给量。

例 3-3　图 3-9 所示零件，用分矢量加工圆弧所编制的程序如下：

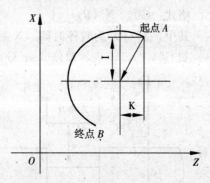

图 3-10　圆弧方向矢量和分矢量

O0303

N001　G50　X100.0　　　Z52.7；

N002　S800　M03；

N003　G00　X6.0　　　　Z2.0；

N004　G01　Z−20.0　　　F1.3；

N005　G02　X14.0　　　　Z−24.0　I4.0　K0；

N006　G01　W−8.0；

N007　G03　X20.0　　　　W−3.0　I0　　　K−3.0；

N008　G01　W−37.0；

N009　G02　U20.0　　　　W−10.0　I10.0　K0；

N010　G01　W−20.0；

N011　G03　X52.0　　　　W−6.0　I0　　　K−6.0；

N012　G02　U10.0　　　　W−5.0　I5.0　K0；

N013　G00　X100.0　　　Z52.7；

N014　M05；

N015　M02；

（3）进行圆弧插补时的注意问题

①分清圆弧的加工方向，确定是顺时针圆弧，还是逆时针圆弧。

②顺时针圆弧用 G02 加工，逆时针圆弧用 G03 加工。

③数控车床开机后自动进入 XZ 坐标平面状态，故 G18 可以省略。

④X 和 Z 后跟绝对尺寸，表示圆弧终点的坐标值；U 和 W 后跟增量尺寸，表示圆弧终点相对于圆弧起点的增量值。

⑤用分矢量和终点坐标来加工圆弧时，应注意 I 虽然处于 X 方向，但是采用半径编程，即 I 的实际值不用乘以 2。

⑥当 I 和 K 的值为零时，可以省略不写。

整圆编程时常用分矢量和终点坐标来加工，如果用圆弧半径 R 和终点坐标来进行编程，则整圆必须被打断成至少两段圆弧才能进行。可见，加工整圆用分矢量和终点坐标编程较为简单。

5. 暂停指令 G04

格式：G04　X（P）__；

其中，X（P）为暂停时间。X 后用小数表示，单位为 s；P 后用整数表示，单位为 μs。如 G04　X2.0 表示暂停 2 s；G04　P1000 表示暂停 1 000 μs。

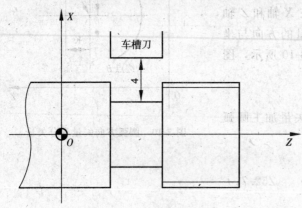

图 3-11　G04 指令的应用

G04 指令常用于车槽、镗平面、孔底光整以及车台阶轴清根等场合，可使刀具做短时间的无进给光整加工，以提高表面加工质量。执行该程序段后暂停一段时间，当暂停时间过后，继续执行下一段程序。

G04 指令为非模态指令，只在本程序段有效。

例如，图 3-11 为车槽加工，采用 G04 指令时主轴不停止转动，刀具停止进给 3 s，程序如下：

G01　U−8.0　F0.8；

G04　X3.0；

G00　U8.0；

6. 等螺距螺纹切削指令 G32

G32 指令可以加工圆柱螺纹和圆锥螺纹。它和 G01 指令的根本区别是：它能使刀具在直线移动的同时，它的移动和主轴保持同步，即主轴转一周，刀具移动一个导程；而 G01 指令刀具的移动和主轴的旋转位置不同步，用来加工螺纹时会产生乱牙现象。

用 G32 加工螺纹时，由于机床伺服系统本身具有滞后特性，会在起始段和停止段发生螺纹的螺距不规则现象，故应考虑刀具的引入长度和超越长度，整个被加工螺纹的长度应该是引入长度、超越长度和螺纹长度之和，如图 3-12 所示。

程序格式：G32　X（U）__　Z（W）__　F__；

其中，X 和 Z 为螺纹终点坐标，U 和 W 为终点相对于起点的增量坐标，F 为导程。

若程序段中没有指定 X，则加工圆柱螺纹；若程序
段中指定了 X，则加工圆锥螺纹。

　　通常情况下，加工螺纹时沿着同样的刀具轨迹
从粗切到精切重复进行。因为螺纹切削是从主轴上
的位置编码器输出一转信号时开始的，所以螺纹切
削是从固定点开始且刀具在工件上的轨迹不变而重
复切削螺纹。注意主轴转速从粗切到精切必须保持
恒定，否则螺纹导程将不准确。

　　另外，如果不停止主轴而停止螺纹切削，那么
刀具进给是非常危险的，这将会突然增加切削深
度。因此，在螺纹切削时进给暂停功能无效。

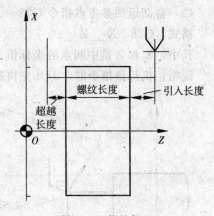

图 3-12　螺纹加工

　　例 3-4　　图 3-13 是圆柱螺纹加工实
例，螺距为 4 mm，第一次和第二次单边
切削量均为 1 mm，引入长度为 3 mm，
超越长度为 1.5 mm。

　　程序如下：

```
O1305
N020   G00        U−62.0;
N021   G32        W−74.5    F4.0;
N022   G00        U62.0;
N023   W74.5;
N024   U−64.0;
N025   G32        W−74.5;
N026   G00        U64.0;
N027   W74.5;
```

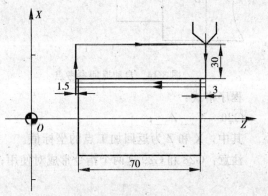

图 3-13　圆柱螺纹加工

　　7. 返回参考点指令 G27 和 G28，从参考点返回指令 G29

　　(1) 返回参考点检验指令 G27

　　格式：G27　X＿　Z＿　T0000；

　　其中，X 和 Z 为参考点坐标值。

　　说明：G27 用于检验 X 轴与 Z 轴是否能正确返回参考点。执行 G27 指令的前提是机
床在通电后刀具返回过一次参考点（手动返回或者用 G28 指令返回）。如果刀具能正确地
沿着指定的轴返回到参考点，则该轴参考点返回灯亮。但是，如果刀具到达的位置不是参
考点，则机床报警，说明程序中指令的参考点坐标值不对或机床定位误差过大。此外，使
用该指令时，必须预先取消刀具补偿的量（T0000）。

　　G27 指令是以快速移动速度定位刀具。当机床锁住接通时，即使刀具已经自动返回到
参考点或返回完成时，指示灯也不会亮。也就是说在这种情况下，即使指定了 G27 命令，
机床也不会去检验刀具是否已返回到参考点。

　　执行 G27 指令之后，如欲使机床停止，须加入一辅助功能指令 M00，否则，机床将
继续执行下一个程序段。

（2）自动返回参考点指令 G28

格式：G28　X＿Z＿；

其中，X 和 Z 是中间点的坐标值。

说明：执行该指令时，刀具先快速移动到指令值所指定的中间点，然后自动返回参考点，相应坐标轴指示灯亮。

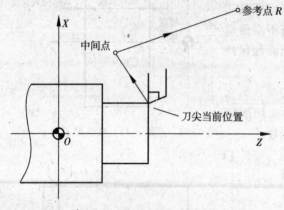

图 3-14　自动返回参考点

G28 指令可以使刀具从任何位置以快速点定位方式经过中间点返回参考点。应注意在使用 G27 和 G28 指令时，必须先取消刀具补偿功能（T0000），否则会发生不正确的动作。

G28 指令的执行过程如图 3-14 所示。

G29 指令可以使刀具从程序原点以快速点定位方式经过 G28 指定的中间点自动返回加工处。

程序格式：

G29　X＿Z＿；

其中，X 和 Z 为返回加工点的坐标值。

注意：G28 和 G29 这两个指令常成对使用；执行 G28 指令前，应先取消刀具补偿功能。

3.3　数控车床循环加工指令

数控车床上单件被加工零件的毛坯常用棒料，所以车削加工时加工余量大，一般需要多次重复循环加工，才能去全部加工余量。为了简化编程，数控车床系统常具备一些循环功能。

3.3.1　单一固定循环加工指令

固定循环是预先给定一系列操作，将一系列连续加工动作，如"切入—切削—退刀—返回"，用一个循环指令完成，可以有效缩短程序长度，减少程序所占内存，并简化编程。

1. 轴向固定切削循环指令 G90

G90 指令可实现车削内、外圆柱面和圆锥面的自动固定循环。每调用一次仅进行一次切削（包含 4 个操作）循环。

（1）车削圆柱面

G90 指令车削内、外圆柱面时的程序段格式如下：

G90　X（U）＿Z（W）＿F＿；

其中，X 和 Z 为切削终点的坐标值；U 和 W 为切削终点相对于起点的坐标值增量。

切削过程如图 3-15 所示。图中，R 表示快速移动，F 表示进给运动。加工顺序按 1，2，3，4 进行。U 和 W 表示增量值。

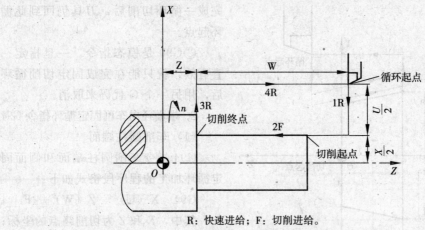

R：快速进给；F：切削进给。

图 3-15 G90 车削圆柱表面固定循环

例 3-5 应用圆柱面切削循环功能加工图 3-16 所示零件。程序如下：

O0305

N10 G50 X200 Z200；

N20 M03 S800；

N30 G00 X55 Z2 M08；（快速定位至循环起点）

N40 G90 X45 Z−25 F0.2；

（粗车第一层）

N50 •X40；

（粗车第二层）

N60 X35；

（粗车第三层）

N70 G00 X200 Z200；

N80 M30；

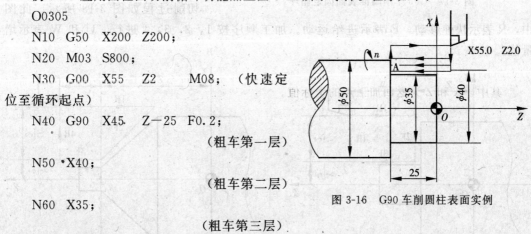

图 3-16 G90 车削圆柱表面实例

（2）车削圆锥面

G90 指令车削圆锥面时的程序段格式如下：

G90 X（U）__ Z（W）__ R__ F__；

其中，R 为锥体大端和小端的半径差。若工件锥面循环起点坐标大于终点坐标时，R 后的数值符号取正，反之取负，该值在此处采用半径编程。

应用圆锥面切削循环功能加工如图 3-17 所示零件。

……

G01 X65 Z2；

G90 X60 Z−25 R−5 F0.2；

X50；

G00 X100 Z200；

……

注意：①使用切削循环指令，刀具必须先定位至循环起点，再执行切削循环指令，且

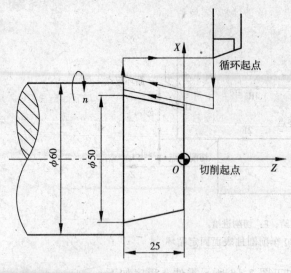

图 3-17　G90 车削圆锥表面固定循环

完成一循环切削后，刀具仍回到此循环起点。

②G90 是模态指令。一旦指定一直有效，就只能在完成固定切削循环后，用另一个 G 代码来取消。

2. 端面径向车削固定循环指令 G94

（1）车削圆柱端面

G94 指令车削圆柱端面和侧面固定循环加工的程序段格式如下：

G94　X（U）＿Z（W）＿F＿；

其中，X 和 Z 为切削终点的坐标；U 和 W 为切削终点相对于起点的坐标值增量。

切削过程如图 3-18 所示。此图中，R 表示快速移动，F 表示进给运动。加工顺序按 1，2，3，4 进行。U 和 W 表示增量值。

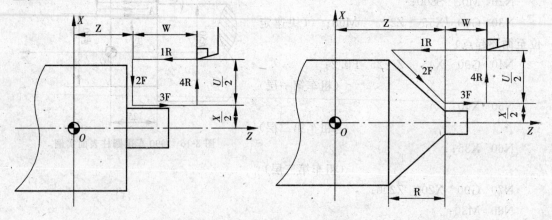

图 3-18　G94 车削端面固定循环　　　图 3-19　G94 车削锥面固定循环

（2）车削圆锥面

G94 指令车削圆锥面时的程序段格式如下：

G94　X（U）＿Z（W）＿R＿F＿；

其中，X 和 Z 为端面切削的终点坐标值，U 和 W 为端面切削的终点相对于循环起点的坐标；R 为刀具路径起点和终点的 Z 坐标之差。切削过程如图 3-19 所示，若顺序动作 2 的进给方向在 Z 轴的投影方向和 Z 轴方向一致，则 R 取负值；若顺序动作 2 的进给方向在 Z 轴的投影方向和 Z 轴方向相反，则 R 取正值。在图 3-19 中，因为顺序动作 2 的进给方向在 Z 轴的投影方向和 Z 轴方向一致，所以 R 取负值。

3. 简单螺纹切削循环指令 G92

简单螺纹切削循环指令 G92 可以用来加工恒螺距圆柱螺纹和圆锥螺纹。该指令的循环路线与前述的 G90 指令基本相同，螺纹切削循环指令把"切入—螺纹切削—退刀—返回"

四个动作作为一个循环，只是 F 后面的进给量改为螺纹导程即可。

格式：

G92　X（U）＿ Z（W）＿R＿F＿；

其中，X 和 Z 为螺纹终点坐标值，U 和 W 为螺纹起点坐标到终点坐标的增量值，R 为锥螺纹大端和小端的半径差。若工件锥面起点坐标大于终点坐标时，R 后的数值符号取正，反之取负，该值在此处采用半径编程。如果加工圆柱螺纹，则 R＝0，此时可以省略。切削完螺纹后退刀按照 45°退出。

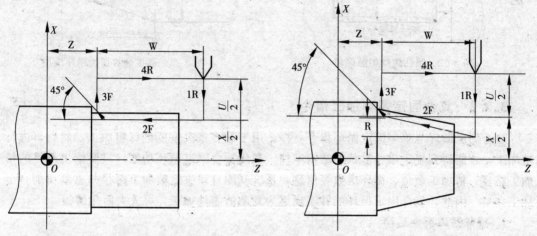

图 3-20　用 G92 进行圆柱螺纹加工　　　　图 3-21　用 G92 进行圆锥螺纹加工

例 3-6　试编写图 3-22 所示圆柱螺纹的加工程序。

······

G00	X35	Z104;
G92	X29.2	Z56	F1.5;
	X28.6;
	X28.2;
	X28.04;
G00	X200	Z200;

······

例 3-7　试编写图 3-23 所示圆锥螺纹的加工程序。

······

G00	X80	·Z62;
G92	X49.6	Z12R－5	F2;
	X48.7;
	X48.1;
	X47.5;
	X47;
G00	X200	Z200;

······

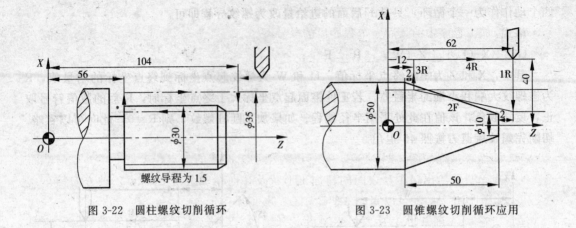

图 3-22　圆柱螺纹切削循环　　　　　　图 3-23　圆锥螺纹切削循环应用

3.3.2　复合固定循环加工指令

复合固定循环与单一固定循环指令一样，用于需要多次重复进行粗加工，然后再进行精加工，才能得到规定尺寸形状的结构零件。利用复合固定循环功能，只要给出最终的精加工路径、精加工余量、循环次数等信息，系统就能自动决定精加工路径并重复切削直至加工完毕。因此，复合固定循环能够实现更为复杂的零件加工，可大大简化编程。

1. 精车循环指令 G70

G70 精车循环用于在粗车循环指令 G71，G72，G73 完成粗车循环后进行，精车时的加工量是粗车循环时留下的精车余量，加工轨迹是工件的轮廓线。

程序格式：G70　P（n_s）　Q（n_f）；

说明：n_s：精加工程序中第一个程序段的段号。

n_f：精加工程序中最后一个程序段的段号。

注意：在 G71 程序段中规定的 F，S，T 对于 G70 无效。但在执行 G70 时顺序号 n_s 至 n_f 程序段之间的 F，S，T 有效；当 G70 循环加工结束时，刀具返回到起点并读下一个程序段；G70 指令指定的 n_s 至 n_f 之间的程序段中不能调用子程序。

2. 轴向粗车复合循环指令 G71

轴向粗车复合循环指令 G71 适用于圆柱毛坯料粗车外径和圆筒毛坯料粗车内径。

程序格式：

G71　　　U（Δd）　R（e）；

G71　　　P（n_s）　　Q（n_f）　U（Δu）　W（ΔW）　F（f）　S（s）　T（t）；

N（n_s）………………

………………………

………………………

N（n_f）

程序段中各地址的含义如下：

Δd：切削深度（半径给定），没有正、负号。切削方向取决于 AA' 方向，如图 3-24 所示。该值是模态的，直到其他值指定以前不会改变。

e：退刀量，由参数设定。该值是模态的，直到其他值指定以前不会改变。

n_s：精加工程序中的第一个程序段的段号。

n_f：精加工程序中的最后一个程序段的段号。

Δu：X 轴方向的精车余量，直径编程。

ΔW：Z 轴方向的精车余量。

f，s，t：仅在粗车循环程序段中有效，在顺序号 n_s 至 n_f 程序段中无效。

G71 一般用于加工轴向尺寸较长的零件，即所谓的轴类零件，在切削循环过程中，刀具是沿 X 方向进刀，平行于 Z 轴切削。

G71 的循环过程如图 3-24 所示，图中 C 为粗加工循环的起点，A 是毛坯外径与端面轮廓的交点。只要给出 $AA'B$ 之间的精加工形状及径向精车余量 $\Delta u/2$，Z 轴方向精车余量 ΔW 及切削深度 Δd 就可以完成 $AA'BA$ 区域的粗车工序。

注意：在从 A 到 A' 的程序段，不能指定 Z 轴的运动指令；G71 车内孔轮廓时，精车余量 Δu 为负值。

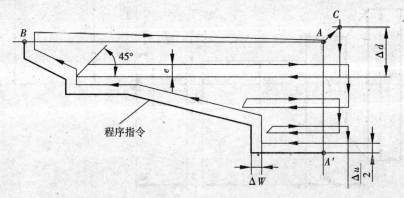

图 3-24　G71 粗车循环过程

例 3-8　图 3-25 是采用粗车循环指令 G71 和精车循环指令 G70 的加工举例。毛坯为棒料，直径是 62 mm，刀具从 P 点开始，先走到 C 点（即循环起点），然后开始粗车循环。每次粗车循环深度为 4 mm，退刀量为 1 mm，进给量为 0.3 mm/r，主轴转速为 500 r/min，径向加工余量和横向加工余量均为 2 mm，精加工时进给量为 0.15 mm/r，主轴转速为 800 r/min。

程序如下：

```
O0306
N010  G50    X100.0   Z52.7;
N011  G00    X70.0    Z5.0    M03    S800;
N012  G71    U4.0     R1.0;
N013  G71    P014     Q022   U4.0   W2.0   F0.3  S500;
N014  G00    X6.0     S800;
N015  G01    Z-24.0   F0.15;
N016  X14.0;
N017  W-8.0;
N018  X20.0;
```

N019   W－50.0;
N020   X40.0;
N021   W－20.0;
N022   X62.0   W－11.0;
N023   G70   P014   Q022;
N024   G00   X100.0   Z52.7;
N025   M05;
N026   M30;

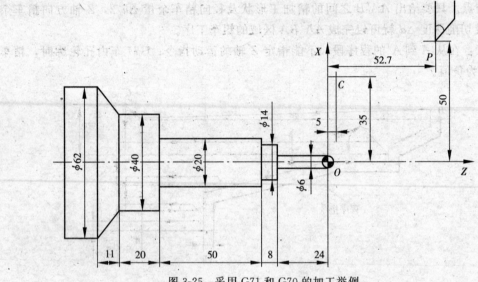

图 3-25　采用 G71 和 G70 的加工举例

3. 径向粗车复合循环指令 G72

径向粗车复合循环指令 G72 一般用于加工端面尺寸较大的零件，直径方向的切除余量比轴向切除余量大，即所谓的盘类零件，在切削循环过程中，刀具是沿 Z 方向进刀，平行于 X 轴切削。

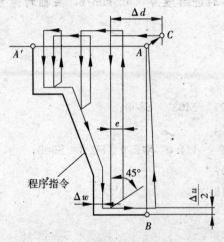

图 3-26　G72 粗车循环过程

程序格式：

G72　W（Δd）　R（e）;

G72　P（n_s）　　Q（n_f）　U（Δu）

W（ΔW）　F（f）　S（s）　T（t）;

N（n_s）……………………

……………………

……………………

N（n_f）……………………

程序段中各地址的含义和 G71 相同。

G72 的循环过程如图 3-26 所示。图中 C 为粗加工循环的起点，A 是毛坯外径与端面轮廓的交点。只要给出 $AA'B$ 之间的精加工形状及径向

精车余量 $\Delta u/2$、轴向精车余量 ΔW 及切削深度 Δd 就可以完成 $AA'BA$ 区域的粗车工序。

注意：在从 A 到 A' 的程序段，不能指定 X 轴的运动指令。

例 3-9　图 3-27 是径向粗车复合循环指令 G72 和精车循环指令 G70 的加工举例。毛坯为棒料，直径是 $\phi160\ mm$，刀具从 P 点开始，先走到 C 点（即循环起点），然后开始粗车循环。每次粗车循环深度为 7 mm，退刀量为 1 mm，进给量为 0.3 mm/r，主轴转速为 550 r/min，径向加工余量和横向加工余量均为 2 mm，精加工时进给量为 0.15 mm/r，主轴转速为 700 r/min。

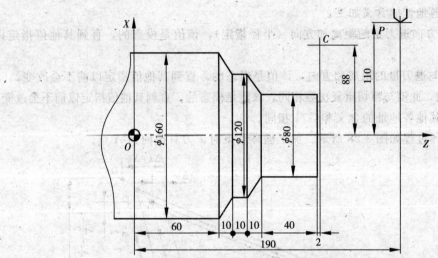

图 3-27　采用 G72 和 G70 的加工举例

程序如下：

```
O0307
N010  G50      X220.0   Z190.0;
N011  G00      X176.0   Z132.0   M03   S800;
N012  G72      W7.0     R1.0;
N013  G72      P014     Q018    U4.0   W2.0   F0.3   S550;
N014  G00      Z56.0    S700;
N015  G01      X120.0   Z70.0    F0.15;
N016  W10.0;
N017  X80.0    W10.0;
N018  W42.0;
N019  G70      P014     Q018;
N020  G00      X220.0   Z190.0;
N021  M05;
N022  M30;
```

4. 仿型粗车复合循环指令 G73

仿型粗车复合循环指令 G73 可以切削固定的图形，适合切削毛坯轮廓形状与零件轮廓形状基本接近的坯料，如铸造成型、锻造成型或者已粗车成型的工件。

程序格式：

G73　U（Δi）　W（Δk）　R（d）；

G73　P（n_s）　Q（n_f）　U（Δu）　W（ΔW）　F（f）　S（s）　T（t）；

N（n_s）·················

·····················

·····················

N（n_f）·················

程序段中各地址的含义如下：

Δi：指 X 方向退刀量的距离和方向（半径指定），该值是模态的，直到其他值指定以前不会改变。

Δk：Z 方向退刀量的距离和方向，该值是模态的，直到其他值指定以前不会改变。

d：分割数，此值与粗切重复次数相同，该值是模态的，直到其他值指定以前不会改变。

程序段中其他各地址的含义和 G71 相同。

G73 的循环过程如图 3-28 所示。加工循环结束时，刀具返回到 A 点。

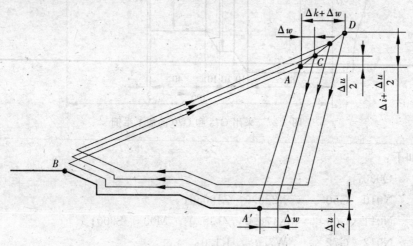

图 3-28　G73 粗车循环过程

例 3-10　图 3-29 为 G73 循环加工实例。图中，X 方向（单边）和 Z 方向需要粗加工切除 12 mm，X 方向（单边）和 Z 方向需要精加工切除 2 mm，退刀量为 1 mm。

程序如下：

```
        O0308
        N010  G50   X326.2   Z217.6;
        N020  G00   X205.0   Z196.4   S800  M03;
        N030  G73   U12.0    W12.0    R3;
        N040  G73   P050     Q100     U4.0  W2.0  F0.3  S500;
        N050  G00   X51.3    Z163.2;
        N060  G01   W-32.1   F0.15    S700;
        N070  X71.8  W-19.6;
        N080  W-54.9;
```

N090　　X87.6；

N100　　X108.8　　　　W−21.2；

N110　　G70　　　　　　P050　　　Q100；

N120　　G28　　　　　　X280.0　　Z200.0；

N130　　M05；

N140　　M30；

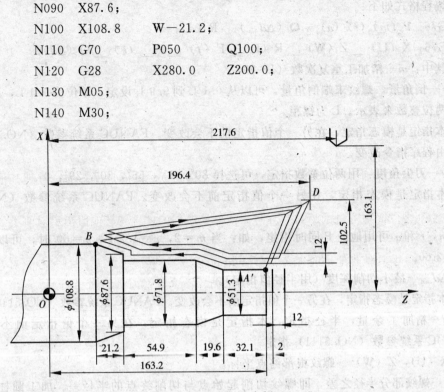

图 3-29　G73 加工实例

5. 复合螺纹切削循环指令 G76

复合螺纹切削循环指令 G76 可以自动完成一个螺纹段的全部加工任务，即在数控加工程序中只需指定一次，并定义好有关参数，则能自动进行加工。在车削过程中，除第一次车削深度外，其余各次车削深度会自动计算。它的进刀方法有利于改善刀具的切削条件，在编程中应优先考虑应用该指令，执行过程如图 3-30 所示。G76 的编程需要同时使用两条指令定义。

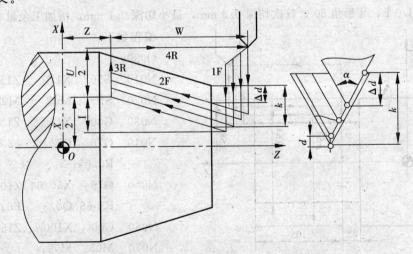

图 3-30　复合螺纹切削循环与进刀法

编程格式如下：

G76　P (m) (r) (α)　　Q $(\Delta d_{\min})$　　R (d)；

G76　X (U) ＿ Z (W) ＿ R (I) ＿ F (f) ＿ P ＿ (k) ＿ Q (Δd)；

其中：m—精加工重复次数（1～99）。

r—倒角量，螺纹末端倒角量，可以从 0.1 L 到 9.9 L 设定，单位为 0.1 L，用 00～99 间的两位整数来表示。L 为螺距。

本指定是模态指定，在另一个值指定前不会改变。FANUC 系统参数（NO.5130）指定，由程序指令改变。

α—刀尖角度：用两位整数指定，可选择 80°，60°，55°，30°，29°，0°。

本指定是模态指定，在另一个值指定前不会改变。FANUC 系统参数（NO.5143）指定。

m，r 和 α 可用地址 P 同时指定，如：当 $m=2$，$r=1.2$ L，$\alpha=60°$ 时，可以编程如：P02 12 60。

$\Delta d_{\min}$—最小切削深度（用半径值指定）。

本指定是模态指定，在另一个值指定前不会改变。FANUC 系统参数（NO.5140）指定。

d—精加工余量，半径指定，本指定是模态指定，在另一个值指定前不会改变。FANUC 系统参数（NO.5141）指定。

X (U)，Z (W)—螺纹根部终点坐标。

I—螺纹部分半径之差，即螺纹切削起始点与切削终点的半径差。加工圆柱螺纹时，$I=0$。加工圆锥螺纹时，当 X 向切削起始点坐标小于切削终点坐标时，I 为负，反之为正。

k—螺纹的高度，半径指定（X 轴方向的半径值）；不支持小数点输入，而以最小设定单位编程。

Δd—第一次切入量，半径指定（X 轴方向的半径值）；不支持小数点输入，而以最小设定单位编程。

f—螺纹导程。

例 3-11　如图 3-31 所示零件，采用 G76 粗精车螺纹，螺纹高度 3.68 mm，螺距 6 mm，螺尾倒角 1.0 L，牙形角 60°，首次切深 0.3 mm，最小切深 0.1 mm，精加工余量 0.05 mm。

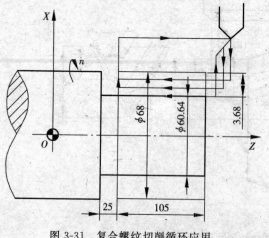

图 3-31　复合螺纹切削循环应用

编程如下：

O0309

N010	G50	X120	Z150;
N020	S100	M03	M08;
N030	G00	X100	Z130;
N040	G76	P02	12 60	Q0.1
	R0.05;			
N050	G76	X60.64	Z105	R0
	P3.68	Q0.3	F6;	
N060	G00	X100	Z150;
N070	M05	M09;	
N080	M30;		

3.4 数控车床 F，S，T 功能

3.4.1 F 功能指令

F 功能指令用于指定进给速度，控制切削进给量。在程序中，有两种使用方法，每转进给 G99（mm/r）和每分钟进给 G98（mm/min），系统默认状态为 G99。

编程格式：G99/G98 F __ ；

每分钟的移动速率（mm/min）＝每转位移速率（mm/r）×主轴转速（r/min）

3.4.2 转速功能（S 功能）指令

S 功能指令用于控制主轴转速。由地址码 S 和在其后的数字组成，单位为 r/min。

例如：S500 表示主轴转速为 500 r/min。在具有恒线速度功能的机床上，S 功能指令还有如下作用：

1. 限制最高转速（G50 S）

编程格式：G50 S __ ；

S 后面的数字表示的是最高转速：r/min。

例如：G50 S3000 表示最高转速限制为 3 000 r/min。

该指令可防止因主轴转速过高，离心力太大而产生危险，甚至影响机床寿命。

2. 恒线速度控制（G96）

编程格式：G96 S __ ；

S 后面的数字表示的是恒定的线速度：m/min。

例：G96 S150 表示切削点线速度控制在 150 m/min。

该指令在车削端面或较大时使用。车削加工时，由数控装置自动控制主轴的转速变化以保持恒定的线速度。

3. 恒线速度取消（G97）

编程格式：G97 S __ ；

S 后面的数字表示恒线速度控制取消后的主轴转速，如 S 未指定，将保留 G96 的最终值。

例：G97 S3000 表示恒线速控制取消后，主轴的转速为 3 000 r/min。

该指令在车螺纹或车削工件直径变化不大时使用，它可设定主轴转速并取消恒线速度控制。

3.4.3 T 功能指令

T 功能指令用于选择加工所用刀具。

编程格式：T _ _ _ _ ；

T 后面通常用两位数字或四位数字表示所选择的刀具号码。前两位是刀具号，后两位是刀具长度补偿号，又是刀尖圆弧半径补偿号。

　　例：T0303 表示选用 3 号刀及 3 号刀具长度补偿值和刀尖圆弧半径补偿值；T0300 表示取消刀具补偿。如果刀具补偿号为 00，则表示取消刀补在自动执行过程中的补偿。

3.4.4　刀具补偿

　　数控车床刀具补偿功能包括刀具偏置补偿和刀具圆弧半径补偿两方面。在加工程序中用 T 功能指定，数控系统的每一个刀具补偿号对应刀具位置补偿（X 和 Z 值）和刀具圆弧半径补偿（R 和 T 值）共 4 个参数，在加工之前输入到对应的存储器中。自动执行过程中，数控系统按该存储器中的 X，Z，R，T 的数值，自动修正刀具的位置误差及进行刀尖圆弧半径补偿。

　　（1）刀具偏置补偿

　　机床的原点和工件的原点是不重合的，也不可能重合。加工前首先要安装刀具，然后回机床参考点，这时车刀的关键点（刀尖或刀尖圆弧中心）处于一个位置，随后将刀具的关键点移动到工件原点上（这个过程叫做对刀）。刀具偏置补偿是用来补偿以上两种位置之间的距离差异的，有时也叫做刀具几何偏置补偿，如图 3-32 所示。

　　刀具偏置补偿分为两类：一类是刀具几何偏置补偿，另一类是刀具磨损偏置补偿。刀具磨损偏置补偿用于补偿刀尖磨损量，如图 3-33 所示。建立执行刀具偏置补偿后，其加工程序不需要重新编制。办法是通过对刀的方法测出每把刀具的位置并输入到数控系统指定的存储器内，程序执行刀具补偿指令后，刀具的实际位置就代替了原来位置。

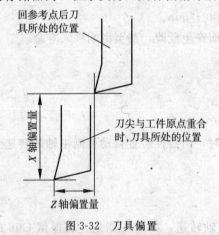

图 3-32　刀具偏置

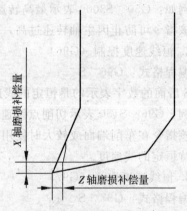

图 3-33　来自刀具磨损偏置的
刀具几何补偿偏置

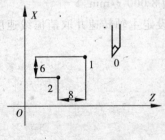

图 3-34　刀具偏置补偿

　　如图 3-34 所示的加工情况，如果没有刀具补偿，刀具从 0 点移动到 1 点，对应程序段是 N60 G00 X30 Z40 T0200，如果刀具补偿值 X=−12，Z=−8，并存入对应补偿存储器中，执行刀补后，刀具将从 0 点移动到 2 点，而不是 1 点，对应程序段仍是 N60 G00 X30 Z40 T0202。

　　（2）车刀刀尖圆弧半径补偿

　　数控车床是以刀尖对刀的，加工时所选用车刀的刀尖不可能绝对尖，总会有一个小圆弧。对刀时，刀尖位置是一个假想刀尖，编程时应按照假想刀尖点的轨迹进行程序编制，即工件轮廓与假想刀尖重合。车削时，真实的刀具刃是由圆弧构成的（刀尖半径），如图 3-35 所示，在切削外圆和端面时不会出现切削形状的误差，但在切削圆弧、锥度的情况下刀尖半径会带来切削形状误差。实际起作用的切削刀刃是圆弧与共建轮廓表面的切点。

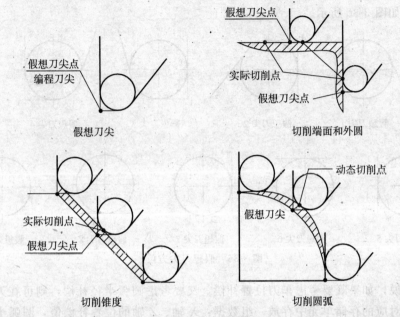

图 3-35　刀尖圆弧补偿

如果工件要求不高，此量可以忽略不计，但是如果工件要求很高，就应考虑刀尖圆弧半径对工件表面形状的影响。

当编制零件加工程序时，如果按照刀具中心轨迹编制程序，应先计算出刀心的轨迹，即和轮廓线相距一个刀具半径的等距线，然后再对刀具中心轨迹进行编程。

尽管用刀具中心轨迹编程比较直观，但是计算量会非常大，给编程带来不便。实际编程时，一般不需要计算刀具中心轨迹，只需按照零件轮廓编程，然后使用刀具半径补偿指令，数控系统就能自动地计算出刀具中心轨迹，从而准确地加工出所需的工件轮廓。

刀具半径补偿指令用 G41 和 G42 来实现，它们都是模态指令，用 G40 来注销。顺着刀具运动方向看，刀具在被加工工件的左边，则用 G41 指令，因此，G41 也称为左补偿；顺着刀具运动方向看，刀具在被加工工件的右边，则用 G42 指令，因此，G42 也称为右补偿。

编程格式：G41/G42/G40　G01/G00　X（U）__ Z（W）__；

其中，X（U）和 Z（W）为建立或者取消刀具补偿程序段中刀具移动的终点坐标。G41，G42，G40 指令只能与 G00 和 G01 结合编程，通过直线运动建立或者取消刀补，它们不允许与 G02 和 G03 等指令结合编程；否则将会报警。刀尖半径补偿的命令应当在切削启动之前完成，并且能够防止从工件外部起刀带来的过切现象。反之，要在切削之后用移动命令来取消刀尖半径补偿。

通常在有参考点的机床上，像把转塔中心这样的基准位置可以放置在起始位置上，把从基准位置到假想刀尖的距离设定为刀具的偏置值。分别将测量出来的 X 轴刀具偏置和 Z 轴刀具偏置存入 T 指令的后两位地址中。另外，假想刀尖的方位也应同这两个偏置值一起提前设定。

假想刀尖的方位是由切削时刀具的方向所决定的，FANUC 0i 用 0～9 来确定假想刀尖的方位，如图 3-36 所示。

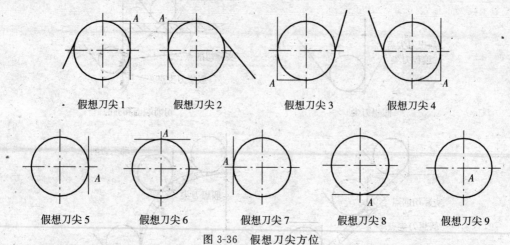

假想刀尖 1　　假想刀尖 2　　假想刀尖 3　　假想刀尖 4

假想刀尖 5　　假想刀尖 6　　假想刀尖 7　　假想刀尖 8　　假想刀尖 9

图 3-36　假想刀尖方位

一般来说，如果既要考虑车刀位置补偿，又要考虑圆弧半径补偿，则可在刀具代码 T 中的补偿号对应的存储单元中存放一组数据：X 轴、Z 轴的位置补偿值，圆弧半径补偿值和假想刀尖方位（0～9）。操作时，可以将每一把刀具的四个数据分别设定到刀具补偿号对应的存储单元中，即可实现自动补偿。

3.4.5　常用的 M 指令

（1）M00：程序停止。执行 M00 指令后，自动运行停止，机床所有动作均被切断，以便进行某种手动操作。程序停止时，所有模态指令信息保持不变。重新按动循环启动按钮后，系统将继续执行后续的程序段。

（2）M01：选择停止。与 M00 相似，在包含 M01 的程序段执行以后自动运行停止。它与 M00 的区别是：只有当机床操作面板上的"选择停止"开关压下时 M01 才有效，否则无效。它可用循环启动按钮恢复自动运行。

（3）M02：程序结束。执行该指令后，表示程序内所有指令均已完成，因而切断机床所有动作，机床复位。但程序结束后，不返回到程序开头的位置。

（4）M30：程序结束。执行该指令后，除完成 M02 的内容外，还自动返回到程序开头的位置，同时为加工下一个工件做好准备。

（5）M03：主轴正转。

（6）M04：主轴反转。

（7）M05：主轴停转。

（8）M06：换刀。M06 必须与相应的刀号（T 代码）结合，才能构成完整的换刀指令。

（9）M07：雾状切削液打开。

（10）M08：液态切削液打开。

（11）M09：切削液关闭。

（12）M98：调用子程序。

（13）M99：子程序调用结束，返回主程序。

3.4.6 子程序调用功能

在编制加工程序时，有时会遇到一组程序段在一个程序中多次出现，或者在几个程序中都要使用它，这组程序段称为子程序。使用子程序可以简化编程。不但主程序可以调用子程序，一个子程序也可以调用下一级的子程序，其作用相当于一个固定循环。

子程序的调用格式：M98 P___ L___；

其中，M98 为子程序调用字；P 为要调用的子程序号；L 为子程序重复调用子程序的次数。

子程序返回主程序，使用指令 M99。

子程序调用下一级子程序，称为子程序嵌套。在 FANUC 0i 系统中，只能有四次嵌套。

例 3-12 利用子程序编程。如图 3-37 所示，已知毛坯直径为 32 mm，长度为 50 mm，一号刀为外圆车刀，三号刀为切断刀，其宽度为 2 mm。

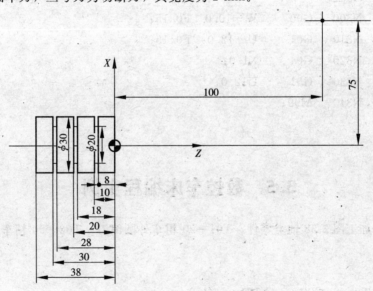

图 3-37 子程序应用

程序如下：

```
O0310                                        主程序
N100    G50     X150.0    Z100.0；
N110    M03     S500；
N120    M08；
N125    T0101；
N130    G00     X35.0     Z0；
N140    G01     X0        F0.3；
```

N150	G00	Z2.0;		
N160	X30.0;			
N170	G01	Z—40.0	F0.3;	
N180	X35.0;			
N190	G00	X150.0	Z100.0	T0100;
N195	T0303;			
N200	X32.0	Z0		T0303;
N210	M98	P0319	L3;	
N220	G00	W—10.0;		
N230	G01	X0	F0.12;	
N240	G04	X2.0;		
N250	G00	X150.0	Z100.0	T0300;
N260	M09;			
N270	M05;			
N280	M30;			
O0319				子程序
N300	G00	W—10.0	F0.15;	
N310	G01	U—12.0	F0.15;	
N320	G04	X1.0;		
N330	G01	U12.0;		
N340	M99;			

3.5　数控车床编程实例

例 3-13　加工图 3-38 轴类零件，T01—90°粗车外圆偏刀；T02—90°精车外圆偏刀。
参考程序
O0311

N10	G50	G00	X100	Z150;	
N20	S600	M03	T0101	F0.15;	
N30	X42.0	Z1.0;			（外圆粗车循环起点）
N40	G71	U1.5	R0.5;		（外圆粗车纵向循环）
N50	G71	P60	Q120	U0.5	W0.05;
N60	G00	G42	X0;		
N70	G01	Z0;			
N80	X20.0;				
N90	Z20.0;				
N100	X30	W—15;			

N110　　W－15;

N120　　G01　　G40　　X42;

N130　　G28　　U0　　W0　　M05;　　　　　　　　（返回参考点，取消
　　　　　　　　　　　　　　　　　　　　　　　　　T0101 号刀）

N140　　G00　　G97　　G99　　S800　T0202　M03　F008;

N150　　X42.0　Z1.0;　　　　　　　　　　　　　　（精车循环起点）

N160　　G70　　P60　　Q120;　　　　　　　　　　（精车外圆循环）

N170　　G28　　U0　　W0　　M05;

N180　　M30;　　　　　　　　　　　　　　　　　　（程序结束）

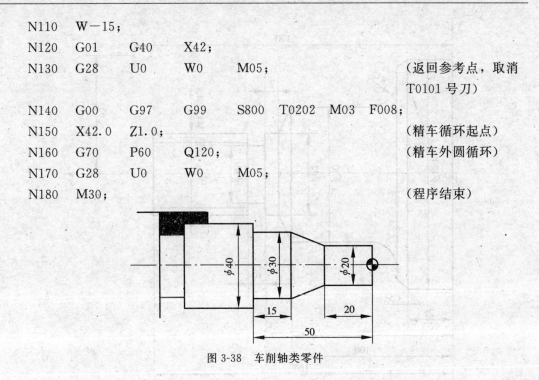

图 3-38　车削轴类零件

例 3-14　图 3-39 是数控车床车削零件的图样。毛坯为棒料，直径为 120 mm。加工时，01♯刀粗车端面和外圆，刀尖圆弧半径为 1.2 mm，假想刀尖距刀架中心的距离为：X 方向 100 mm，Z 方向 150 mm，假想刀尖方位代码为 3；02♯刀精车外圆，刀尖圆弧半径为 0.2 mm，假想刀尖距刀架中心的距离为：X 方向 100 mm，Z 方向 150 mm，假想刀尖方位代码为 3；03♯刀切槽，宽度为 7 mm，刀尖距刀架中心的距离为：X 方向100 mm，Z 方向 150 mm，假想刀尖方位代码为 0，无圆弧半径补偿，以刀尖左方定位；4♯刀车螺纹，刀具夹角为 60°，刀尖距刀架中心的距离为：X 方向 100 mm，Z 方向 150 mm，假想刀尖方位代码为 0，无圆弧半径补偿。

编程原点取刀架中心位置。补偿值见表 3-3，换刀在机械零点进行，故工件坐标系自动被设定。

表 3-3　　　　　　　　　　　　　　　　　补偿值

No.	X	Z	R	T	No.	X	Z	R	T
01	100	150	1.2	3	03	100	150	0	0
02	100	150	0.2	3	04	100	150	0	0

加工程序如下：

O0312

N010　　S300　　M03　　T0101;　　　　　　　　（选粗车刀，主轴正转）

N020　　G00　　X130.0　Z170.0　　M08;　　　　　（快移，切削液开）

N030　　G94　　X0　　Z160.0　　F80;　　　　　　（端面粗加工循环）

N040　　G90　　X120　　Z0　　F100;　　　　　　　（外圆粗加工循环）

N050　　G42;　　　　　　　　　　　　　　　　　　（圆弧半径补偿）

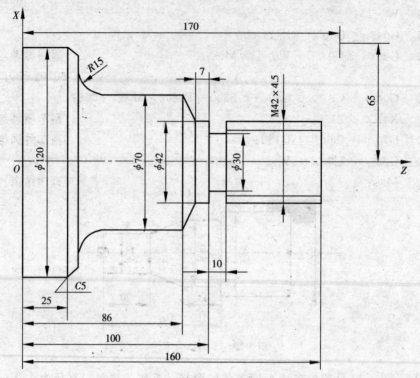

图 3-39　数控车削加工实例

N060	G71	P070	Q130.0	U5.0	W2.5	D2.0	F100	S300;	
									（粗车循环）
N070	G00	X42.0	Z170.0	S600;					（工件轮廓程序）
N080	G01	Z93.0	F60;						
N090		X70.0	Z86.0;						
N100		Z45.0;							
N110	G02	X100.0	Z30.0	R15;					
N120	G01	X110.0;							
N130		X130.0	Z20.0;						
N140	M09;								
N150	G28	X200	Z170	T0100;					（回零，取消刀补）
N160	G00	T0202;							（选精车刀）
N170	G29	X130.0	Z170.0	M08;					（切削液开）
N180	G70	P070	Q130;						（精车循环）
N190	M09;								（切削液关）
N200	G28	X200	Z170	T0200;					（回零，取消刀补）
N210	G00	T0303;							（选车槽刀）
N220	G29	X55.0	Z100.0;						（定位）
N230	G01	X30.0	F60;						（车槽）
N240	G04	X2.0;							（暂停 2 s）

N250	G00	X55.0；		
N260	Z103.0；			（定位）
N270	G01	X30.0；		（车槽）
N280	G04	X2.0；		（暂停 2 s）
N290	G00	X55.0；		（定位）
N300	G28	X200	Z180.0 T0300；	（回零，取消刀补）
N310	G00	T0404；		（选螺纹车刀）
N320	G29	X50.0	Z180.0 S100；	（定位）
N330	G76	X36.3	Z105 K2.85 D1.0 F4.5 A60；	
				（车螺纹循环）
N340	M09；			
N350	G28	X200.0 Z180.0；		（回零，取消刀补）
N360	M30；			（程序结束）

[思考与练习]

3-1   数控车床的加工对象和编程特点是什么？

3-2   数控车床的坐标系是怎样规定的？如何设定工件坐标系？

3-3   数控车床是如何实现绝对值编程和增量值编程的？

3-4   G71，G72，G72 的区别是什么？

3-5   圆弧加工有几种方式？数控车加工圆弧应注意哪些问题？

3-6   数控车床是怎样实现循环加工的？写出粗车循环的几种程序段格式并说明其含义。

3-7   数控车床如何调用子程序？

3-8   试编写图 3-40 所示工件加工程序。

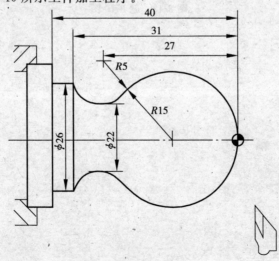

图 3-40   题 3-8 图

3-9 试编写图 3-41 所示工件的精加工程序。

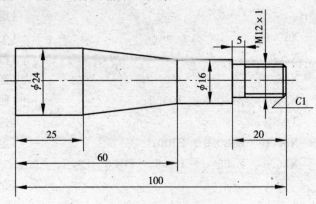

图 3-41 题 3-9 图

3-10 试用子程序编写图 3-42 所示零件的槽加工程序。毛坯直径为 32 mm，长度为 77 mm。用外圆车刀和车断刀加工，车断刀宽度为 2 mm。

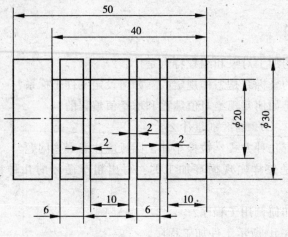

图 3-42 题 3-10 图

第4章 数控车床加工操作

4.1 数控车床结构与技术参数

4.1.1 数控车床结构与技术参数

1. 数控车床结构

数控车床主要由床身、主轴箱、刀架、刀架滑板、尾座、防护罩、液压系统、冷却系统、润滑系统、电气控制系统等组成。电气控制系统中的数控系统能控制伺服电动机驱动刀具作连续的横向和纵向进给运动，以加工出符合要求的各种工件。

数控车床的床身结构和导轨有多种形式，大体可分为水平床身、水平床身斜滑板、倾斜床身和立式床身等四类布局形式，如图 4-1 所示。

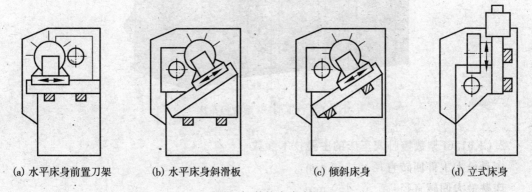

(a) 水平床身前置刀架   (b) 水平床身斜滑板   (c) 倾斜床身   (d) 立式床身

图 4-1　数控车床布局

水平床身一般可用于大型数控车床或小型精密数控车床的布局，这种布局方式配上水平放置的刀架可以提高刀架的运动精度，工艺性好，便于导轨面的加工。但是水平床身由于下部空间较少，因此排屑比较困难。

如果水平床身配上倾斜放置的滑板，排屑就会很方便。倾斜床身导轨的倾斜度分别为 30°，45°，60°，75°。如果倾斜角度为 90°，则变为立式床身。这类倾斜床身机床不但排屑方便，而且还能保证良好的导轨导向性和良好的受力特性。

一般中小型数控机床多采用倾斜床身或者水平床身斜滑板结构。这两种布局结构具有机床外形美观，占地面积小，宜于排屑，便于冷却液的排流，便于操作者的操作与观察，便于安装上下料机械手，便于全面实现自动化等优点。

图 4-2 所示为济南第一机床厂生产的 CK6136i 型数控卧式车床。该数控车床是由 BEI-

JING-FANUC-OTD 数控系统控制，能完成内外圆柱面、任意圆锥面、圆弧面、端面、螺纹等各种车削加工。

　　CK6136i 型数控车床主轴采用单轴无级变频调速，调速范围为 50～3 000 r/min。床身为水平结构，床身导轨上支撑着人、中溜板，分别安装有 X 轴和 Z 轴的伺服进给传动装置。大、中溜板均采用滚珠丝杠传动，并做到无间隙传动。中溜板上装有电动可回转的 6 工位刀架，可同时装夹 6 把刀具。床身右方安装有尾座，用于装夹长轴类工件或钻头等工具。尾座套筒孔底部装有工具止动块，可防止装入锥孔中的工具转动。主电机放在左前床腿中，冷却泵放在右后床腿中，并配有一扇可移动的防护门，车床的操作面板安放在右上侧防护罩上。

图 4-2　CK6136i 型数控车床

　　2. CK6136i 型数控卧式车床的主要技术参数

床身最大工件回转直径：　　360 mm

床鞍最大回转直径：　　　　160 mm

最大加工直径：　　　　　　280 mm

轴类最大加工长度：　　　　375 mm

主轴孔径：　　　　　　　　52 mm

滑鞍最大纵向行程：　　　　490 mm

滑板最大横向行程：　　　　210 mm

主轴转速（无级）：　　　　单轴主轴箱（交流主驱动）50～3 000 r/min

车刀刀方：　　　　　　　　20 mm×20 mm

车刀装刀容量　　　　　　　6 把

最小输入当量：　　　　　　纵向（Z 轴）0.001 mm，横向（X 轴）0.001 mm（直径上）

进给速度：　　　　　　　　纵向（Z 轴）6～8 000 mm/min，横向（X 轴）3 000～
　　　　　　　　　　　　　6 000 mm/min）

尾座套筒直径：   60 mm
套筒最大行程：   120 mm
主轴电动机：   5.5 kW
X 轴伺服电动机：   0.5 kW
Z 轴伺服电动机：   0.9 kW
机床占地面积（长×宽）：2 600 mm×1 330 mm
机床净重量：   2 000 kg

4.2 数控车床控制面板

　　各种类型的数控机床，由于所采用的数控系统的不同以及功能的差异，其控制面板也有所不同，但其控制开关、按键等却具有相同的功能，只是有些数控机床的控制开关、按键的名称是用英文表示，有些是用中文表示，还有些是用形象符号表示的。下面以较为典型 BEIJING-FANUC-OTD 数控系统的数控车床为例进行介绍。

　　CK6136i 型数控卧式车床的控制面板如图 4-3 所示。面板上的功能开关和按键均有特定的含义。但对于机床操作面板而言，由于生产厂家的不同而有所不同。

4.2.1 系统操作面板

　　对于系统操作面板来说，只要采用的是 BEIJING-FANUC-OTD 数控系统，则面板都是相同的；系统操作面板如图 4-3 所示，主要包括三部分：CRT 显示器、软键和 MDI 键盘。

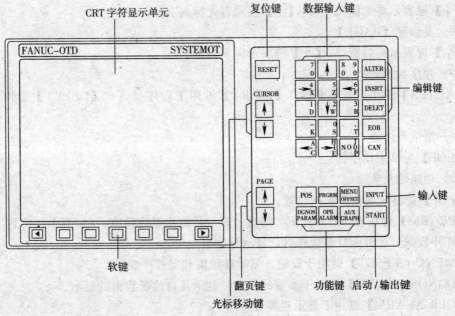

图 4-3 系统操作面板

1. CRT 显示器

（1）CRT 显示器

CRT 显示器可以显示机床的各种参数和功能。如显示机床参考点坐标、刀具起始点坐标、输入数控系统的指令数据、刀具补偿值、报警信号、自诊断结果、滑板快速移动速度以及间隙补偿值等等。

（2）软键

软键在 CRT 显示器正下方，共有七个按钮。它们必须与 MDI 键盘的功能键配合使用，这样才能在 CRT 显示器上显示画面。

软件的功能不确定，其含义显示于当前 CRT 屏幕下方对应软键的位置，随功能键状态不同而具有若干个不同的子功能。

2. MDI 键盘

（1）【RESET】复位键

接到报警，CNC 复位。当机床自动运行时，按下此键，则机床的所有操作都会停下来。此状态下若恢复自动运行，滑板需返回参考点，程序将从头执行。

（2）【START】启动键

按下此键，便可执行 MDI 的命令。它是指 MDI 运转的循环起动或自动运转的循环起动。

（3）【INPUT】输入键

按下此键，可输入参数或补偿值等，也可以在 MDI 方式下输入命令数据。

（4）【CAN】删除键

用于删除已输入到缓冲器里的最后一个字符或符号。如：当输入了 N100 后又按下【CAN】键，则 N100 被删去。

（5）光标移动键【CURSOR】

【↓】键表示将光标向下移，【↑】表示将光标向上移。

（6）页面键【PAGE】

【↓】键表示向后翻页，【↑】键表示向前翻页。

（7）程序编辑键

【ALTER】键用于程序更改；【INSRT】键用于程序插入；【DELET】键用于程序删除。

（8）结束程序键

【EOB】为结束程序键。

（9）功能键及软键

【POS】键显示现在机床的位置。

【PRGRM】键在 EDIT 方式下，编辑、显示存储器里的程序，在 MDI 方式下，输入、显示 MDI 数据；在机床自动操作时，显示程序指令值。

【MENU OFFSET】键用于设定、显示补偿值和宏程序变量。

【DGNOS PARAM】键用于参数的设定、显示及自诊断数据的显示。

【OPR ALARM】键用于显示报警号。

【AUX GRAPH】键用于图形的显示。

为了显示更详细的画面，在按了功能键之后，可根据画面的提示再按软键，以进行下一步的操作。

（10）数据输入键

数据输入键有 13 个，可用来输入字母、数字及其他的符号。每次输入的字符都显示在 CRT 显示屏上。根据已选择的状态，CNC 可自动地进行地址和数字的转换。

例如用 MDI 键盘输入 X123：

①选择 MDI 方式，若按【PRGRM】按钮，CRT 画面底部显示 ADRS，于是可键入地址。

②若按【→4X】X 被键入；显示出 NUM，可以键入数字。

③依次按【1D】，【↓2W】，【3R】键，数字 123 被键入。

④按"INPUT"键，上述数字被输入至存储器。

4.2.2　机床操作面板

机床的操作面板，因机床而异。图 4-4 为 CK6136 数控车床的操作面板。

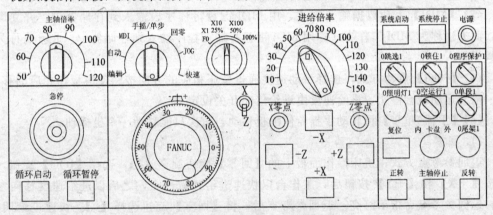

图 4-4　CK6136 数控车床操作面板

1. 复位按钮

当 X 轴和 Z 轴移动超过该机床加工范围时，会压下机床所设置的硬极限开关，同时 CRT 会提示报警。这种情况下要分清楚报警是由急停按钮引起的还是由硬极限开关引起的。如果是前者，松开急停按钮，就可解除报警；如果是后者就要将按钮按下，不能松开，通过按 X 轴和 Z 轴移动键，将所压下的硬极限开关按相反方向移动脱开后，松开此按钮，方可解除超程。

2. 快速手摇倍率开关

在进给倍率上，分别为 25%，50%，100%。

3. 轴选择开关

用于手摇进给时 X 轴和 Z 轴选择。

4. 行程旋钮开关

选择【1】此功能可以执行，程序中的 F 代码无效，滑板以【进给倍率】开关指定的速度移动，同时滑板的快速移动有效；选择【0】，F 代码有效。

5. 进给倍率

程序编制中进给速度的倍率开关因不同档位有不同的进给速度。

6. 单程序段

选择【1】，执行完一个程序段，机床停止运行。若按循环启动按钮后，再执行一个程序段，机床运动又停止。即自动运转时每次执行一个程序段。

7. 跳选（跳过任选程序段）

选择【1】，当程序执行到前面带有【/】码的程序段时会跳过；选择【0】，程序跳选失效。

8. 机床锁住

选择【1】，则 M，T 和 S 功能不执行。

9. 程序保护钥匙开关

选择【1】，存储器内的程序不能改变；选择【0】，可进行加工程序的编辑、存贮。

10. 工作方式【MODE】旋钮开关

用于选择机床某种工作方式，它共有 5 种工作方式。

（1）【EDIT】编辑方式，用于建立、编辑加工零件程序。可将加工零件程序手动输入到存储器中，可以对存储器内的程序进行修改、插入和删除。

（2）【AUTO】自动方式，按循环启动按钮机床开始自动运行所制定的加工程序。

（3）【MDI】手动数据输入方式，用 MDI 键盘将程序段输入到存储器中，并立即运行，此方法称为 MDI 工作方式；用 MDI 键盘将加工程序输入到存储器中，此方法称为手动数据输入。

（4）【JOG】点动方式，选择手动速度通过按压相应的方向按钮使滑板作相应的移动，手一松开运动就会停止，进给速度由进给倍率开关设定。

（5）【手摇/单步】可转动手摇轮使滑板移动，每次只能移动一个坐标轴。

11. 回零

返回参考点方式，机床操作面板上的【回零】旋钮旋至【1】，选择【JOG】旋钮，分别按【+X】和【+Y】按钮后，工作台以快速进给到减速点，之后以进给速度移向参考点。返回参考点后指示灯亮。返回参考点后，将【回零】旋钮选择【0】。快速进给期间，快速进给倍率有效。必须【回零】有以下几种情况：

（1）关闭机床电源，重新上电后；

（2）按下【急停】按钮后；

（3）按下【机床锁住】按钮后；

（4）滑板超程后。

12. 手摇脉冲发生器

通常被称为手摇轮或手轮，且由它右侧的开关指定滑板移动的坐标轴。仅在手动状态（或 JOG 方式），将倍率开关选择在手轮方式挡的任意一挡中，同时选择 X 轴或 Y 轴，手摇脉冲发生器，就可以移动 X 轴或 Y 轴。手摇轮顺时针转为坐标轴的正向，手摇轮逆时针转为坐标轴的负向。

13.【+X】，【-X】，【+Y】，【-Y】方向按钮

将【方式选择开关】选择【回零】，按点动按钮之一，就可以实现刀架向某一正或负方向运动。

14. 系统启动按钮

按下此键，数控系统启动。

15. 系统停止按钮

按下此键，数控系统关闭。

16. 循环启动按钮

按下此键，自动执行数控程序。

17. 循环停止按钮

按下此键，停止（或暂停）执行数控程序。

18. 紧急停止按钮

当出现异常情况时，按下此按钮机床立即停止工作。它是一种自锁式按钮，使方式应顺时针旋转才能松开，在按下此按钮时，CRT 会提示报警。

19. 指示灯

指示灯有 3 种，分别是：电源接通指示灯、X 向回零指示灯、Y 向回零指示灯。

4.3　数控车床操作

数控车床的操作因数控系统和控制面板及机床型号的不同而不同，而其操作的方法也多种多样。但其操作的基本原理和一般的工作内容是基本相同的，数控车床操作的内容一般包括以下几个方面：

(1) 启动机床。

(2) 程序编辑，包括程序的输入、检查及修改等操作。

(3) 安装刀具并建立刀具数据库。

(4) 进行空运转循环加工，进一步检查程序和刀具数据设置正确与否。

(5) 安装工件进行自动循环加工。

(6) 在自动加工过程中或加工后，检测被加工工件的精度是否合格，并根据测量结果确定影响加工质量的因素，必要时，对程序或刀具数据的设置进行修改。

(7) 重新启动自动循环加工，加工完毕停止操作，关闭机床。

如上所述，一个合格的数控车床操作工，不仅需要掌握车床操作编程的基本原理，熟练掌握数控车床的各种基本操作方法，还要有加工工艺、测量技术及切削刀具等相关方面的专业知识。只有这样才能更好地掌握数控车床的操作，保障被加工零件的精度要求和机床的安全运行，以发挥数控机床的最大功效。

4.3.1　启动与回参考点

1. 启动

将数控车床电气柜总开关转到 ON 位置，机床将进入等待状态。

2. 回参考点

机床打开以后首先必须进行回参考点的操作，因为机床在断电后就失去了对各坐标位置的记忆，所以在接通电源后，必须让各坐标值回参考点。另外，数控车床在操作过程中遇到急停信号或超程报警信号，待故障排除后，恢复数控车床工作时也必须进行返回参考点的操作。其具体操作步骤如下：

（1）在机床操作面板，设置【方式选择波段】旋钮到回零方式。

（2）设置【进给修调波段】旋钮的位置快速移动倍率开关（在【25%】，【50%】，【100%】三个旋钮中任选一个）。

（3）首先，使 X 轴回参考点。按下【＋X】按钮，使滑板沿 X 轴正向移向参考点，在移动过程中，操作者应按住【＋X】按钮，直到回零参考点指示灯闪亮，再松开按钮，这时 X 轴已返回参考点。

（4）再使 Z 轴回参考点。按下【＋Z】按钮，使滑板沿 Z 轴正向移向参考点，在移动过程中，操作者应按住【＋Z】按钮，直到回零参考点指示灯闪亮，再松开按钮，这时 Z 轴返回参考点。

注意：若开机后机床已经在参考点位置，则应该先按下【点动】按钮，用移动按钮【－X】和【－Z】先使刀架移开参考点约 100 mm 左右，然后再回零。

4.3.2　对刀与建立工件坐标系

1. 对刀的概念

加工一个零件往往需要几把不同的刀具，而每把刀具在安装时是根据普通车床装刀要求安放的，它们在转至切削方位时，其刀尖所处的位置并不相同。而系统要求在加工一个零件时，无论使用哪一把刀具，其刀尖位置在切削前都应处于同一点，否则，零件加工程序很难编制。为使零件加工程序不受刀具安装位置的影响，必须在加工程序执行前，调整每把刀的刀尖位置，使刀架在转位后，每把刀的刀尖位置都重合在同一点，这一过程称为对刀。简单地说，对刀就是告诉 CNC 工件坐标系的原点在机床坐标系中的位置以及其他刀具与基准刀具的几何偏差。

2. 对刀的方法

FANUC-OTD 系统控制的数控车床常采用试切法对刀，下面以图 4-5 所示的具体加工实例说明其对刀操作方法。

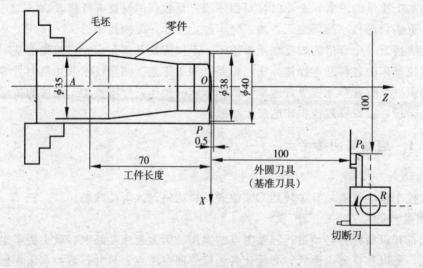

图 4-5　数控车床的对刀操作

（1）应用 G50 设定工件坐标系时的对刀方法

毛坯为 $\phi40$ mm 的棒料，欲加工最大直径为 $\phi35$ mm，总长 70 mm 的零件。编程时采用程序段"G50　X100.0　Z100.0"设定工件坐标系，将工件坐标系原点 O 设在零件右端面中心。加工时采用的 1 号刀具为 90°硬质合金机夹偏刀，并作为基准刀具；2 号刀具为硬质合金机夹切断刀。基准刀具刀尖点的起始点为 P_0。

①基准刀具的对刀

基准刀具（1 号刀）的对刀操作，就是设定基准刀具刀尖点的起始点位置，即建立工件坐标系。其操作步骤如下：

a. 车削毛坯外圆。将【方式选择波段】按钮设置到【手轮进给方式】位置，按【主轴正转】键，手摇脉冲发生器手轮，车削毛坯外圆约 10 mm 长，沿 Z 轴正方向退刀至开始切削点。

b. 使 CRT 屏幕上的 U 坐标值清零。按软键操作区的对应软键，在地址/数字键区按【U】键，再按【取消】键。

c. 车削毛坯端面。将【方式选择波段】按钮设置到【手轮进给方式】位置，手摇脉冲发生器手轮，车削毛坯端面，沿 X 轴正向退刀。

d. 使 CRT 屏幕上的 W 坐标值清零。按软键操作区的对应软键，在地址/数字区按【W】键，再按【取消】键。

e. 测量尺寸。按【主轴停止】键，测量车削后的外圆直径，假设为 $\phi38$ mm。

f. 计算基准刀具移动的增量尺寸。X 轴正方向移动的增量尺寸：U = 100 mm − 38 mm = 62 mm。Z 轴正方向移动的增量尺寸：W = 100 mm − 0.5 mm = 99.5 mm，其中 0.5 mm 为零件端面精加工余量。若工件坐标系原点 O 设在零件左端面 A 处，则：W = 170 mm − 70 mm − 0.5 mm = 99.5 mm。

g. 确定基准刀具的起始点位置。将【方式选择波段】按钮设置到【手轮进给方式】位置，手摇脉冲发生器手轮，使基准刀具沿 X 轴移动，直到屏幕上显示的数据"U = 62 mm"为止。再将【方式选择波段】按钮设置到【手轮进给方式】位置，手摇脉冲发生器手轮，使基准刀具沿 Z 轴移动，直到 CRT 屏幕上显示的数据 W = 99.5 mm 为止。

以上操作步骤完成了基准刀具的对刀。此时，若执行程序段"G50　X100.0　Z100.0"后，CRT 屏幕上的绝对坐标值处显示基准刀具刀尖在工件坐标系的位置（X100.0，Z100.0），即数控系统用新建立的工件坐标系（坐标原点为 O 点）取代了原来的机床坐标系；若执行程序段"G50　X100.0　Z170.0;"后，CRT 屏幕上的绝对坐标值处显示基准刀尖在工件坐标系的位置（X100.0，Z170.0），即数控系统用的新建立的工件坐标系（坐标原点为 A 点）取代了原来的机床坐标系。

②刀具几何形状补偿的建立方法

在基准刀具对刀操作基础上，对 2 号刀具进行对刀操作，使 2 号刀具与基准刀具的刀尖在切削前处于同一起始点 P_0 位置，即对 2 号刀具几何形状进行补偿。

a. 调 2 号刀具。将【方式选择波段】旋钮设置到 MDI 位置，按程序键，分别按 T，2，0，按【INSERT】键，再按【OUTPUT START】键，2 号刀具绕 R 点顺时针转动到切削位置。

b. 沿 X 轴方向对刀。将【方式选择波段】旋钮设置到【手轮进给方式】位置，按

【POS】键和【主轴正转】键，手摇脉冲发生器手轮，将 2 号刀具左刀尖轻轻靠上零件外圆，此时，CRT 屏幕上 U 坐标位置处的数值，即是 2 号刀与基准刀具刀尖在 X 轴方向的刀具几何形状补偿。

c. 输入 X 轴方向的刀具几何形状补偿。按【OFFSET】键，按【光标移动】键，把光标移动到 T02 刀具几何形状补偿寄存器处，按【X】键及数值键（CRT 屏幕上目前位置相对坐标 U 处的数字和符号），按【INPUT】键，将 X 轴方向的刀具几何形状补偿输入到系统寄存器中的偏置号 T02 处。

d. 沿 Z 轴方向对刀。将【方式选择波段】旋钮设置到【手轮进给方式】位置，按【POS】键，手摇脉冲发生器手轮，将 2 号刀具左刀尖轻轻靠上零件端面，此时，CRT 屏幕上 W 坐标位置处的数值，即是 2 号刀与基准刀具刀尖在 Z 轴方向的刀具几何形状补偿。

e. 输入 Z 轴方向的刀具几何形状补偿。按【OFFSET】键和【光标移动】键，把光标移动到 T02 处，按 Z 及数值键（CRT 屏幕上目前位置相对坐标 W 处的数字和符号），按【INPUT】键，将 Z 轴方向的刀具几何形状补偿输入到系统存储器中的偏置号 T02 处。

以上操作完成了 2 号刀具几何形状补偿，若加工中使用更多的刀具，多次重复操作以上步骤，即可完成所有刀具几何形状补偿。此时，再次确定基准刀具的起始点位置，为数控机床执行程序自动加工做好准备。

(2) 应用 G54～G59 设定工件坐标系时的对刀方法

应用 G50 设定工件坐标系时，每加工一个零件前都要重复基准刀具的对刀操作，影响了生产效率的提高。生产实践中常采用 G54～G59 设定工件坐标系来解决此问题。图 4-5 所示的加工实例中，编程时若采用程序段"G54　X100.0　Z100.0;"设定工件坐标系，当完成首次对刀操作后，每次开机后只需操作车床返回机床零点一次，则所有零件加工前都不必重复基准刀具的对刀操作，便可进行自动加工。

① 基准刀具（1 号刀）的对刀的对刀方法

其操作步骤如下：

a. 返回机床零点。分别操作机床使 X 向、Z 向返回机床零点。

b. 车削毛坯外圆。将【方式选择波段】旋钮设置到【手轮进给方式】位置，按【主轴正转】键，手摇脉冲发生器手轮，车削约 10 mm 长的零件外圆，沿 Z 轴正方向退刀，并记录 CRT 屏幕显示的 X 坐标数据。

c. 测量尺寸。按【主轴停止】键，测量车削后的外圆直径（假设为 $\phi 38$ mm）。

d. 计算 X 轴方向的坐标尺寸。X 轴方向的坐标尺寸等于 CRT 屏幕上 X 坐标处的数字减去 38 mm。

e. 输入 X 轴方向的坐标尺寸。按【OFFSET】键，按软键操作区的坐标系软键和【光标移动】键，把光标移动到 G54 处，按【X】键及上一步计算的 X 轴方向的坐标尺寸数字键和【INPUT】键，将 X 轴方向的坐标尺寸输入到系统存储器中的 G54 处。

f. 车削毛坯端面。将【方式选择波段】旋钮设置到【手轮进给方式】位置，按【主轴正转】键，手摇脉冲发生器手轮，车削零件端面，沿 X 轴正方向退刀，并记录 CRT 屏幕上 Z 坐标处的数字。

g. 输入 Z 轴方向的坐标值。按【OFFSET】键，按软键操作区的坐标系软键，按【光标移动】键，把光标移动到 G54 处，按【Z】键及上一步计算的 Z 轴方向的坐标尺寸数字键，按【INPUT】键将 Z 轴方向的坐标尺寸输入到系统存储器中的 G54 处。

以上操作步骤完成了基准刀具的对刀。此时，在进行返回机床零点的操作后，在 CRT 屏幕上的绝对坐标值处，显示工件坐标系原点在机床坐标系中的位置，即数控系统用新建立的工件坐标系取代了原来的机床坐标系。

②刀具几何形状补偿的建立

刀具安装位置偏差补偿的方法与采用 G50 设定工件坐标系时的方法相同。

（3）应用机械零点偏移对刀

机械零点偏移对刀是把当刀架处于参考点时刀尖到工件原点的向量（刀尖运动到工件原点的距离和方向）作为几何补偿，为每一把刀具建立一个独立的工件坐标系的方法。机械零点偏移对刀方法中，建立工件坐标系和建立刀具几何补偿过程是统一的，如图 4-6 所示。

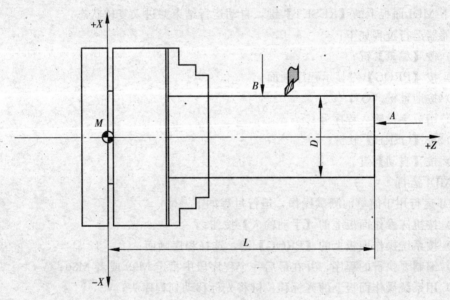

图 4-6　机械零点偏移对刀

①把工件装夹在卡盘上，车一刀外圆和端面，测量外圆直径，记为 D。

②在 MDI 方式下，启动主轴到合适的转速。

③把目标刀具换到刀位。

④X 方向对刀。

a. 移动刀具使刀尖和外圆表面轻轻接触（B）。

b. 按【MENU OFFSET】，再按【几何】按钮。

c. 使用光标键选择目标刀具的对应补偿号。

d. 按一下【位置记录】，输入 "MXD"，按【INPUT】，X 方向补偿值就自动计算并存入对应寄存器。

⑤Z 方向对刀。

a. 移动刀具使刀尖和端面表面轻轻接触（A）。

b. 按【MENU OFFSET】，再按【几何】按钮。

c. 使用光标键选择目标刀具的对应补偿号。

d. 按一下【位置记录】，输入"MZ0.5"，按【INPUT】，Z 方向补偿值就自动计算并存入对应寄存器。

重复③、④、⑤步骤，直到所有刀对刀完成。

4.3.3　自动运行

1. 存储器运行

程序预先存在于存储器之中，当在自动状态下选定了一个程序并按下机床操作面板上的【循环启动】按钮时，开始自动运行，而且循环启动灯（LED）点亮。

在自动运行期间当按下机床操作面板上的【进给保持】按钮时，自动运行暂停。再按一次【循环启动】按钮，自动运行恢复。

按下 MDI 面板上的【RESET】键，自动运行结束并进入复位状态。

存储器运行过程如下：

（1）按【编辑】键；

（2）按【PROG】键显示程序画面；

（3）按地址键"O"；

（4）用数字键输入程序号；

（5）按【OSRH】软键；

（6）按【自动】键。

2. MDI 运行

MDI 运行用于简单的测试操作，运行过程如下：

（1）按机床操作面板上的【手动输入】按钮；

（2）按系统操作面板上的【PROG】键，选择程序画面；

（3）编制要执行的程序，并在最后一个程序段中指定 M99 或者 M30；

（4）用系统操作面板上的光标移位键将光标移动到程序头；

（5）按下【循环启动】按钮，自动运行开始；

（6）自动运行结束，返回到程序的开头；

（7）按下【RESET】键，自动运行结束并返回到复位状态。

4.3.4　简单零件加工举例

例 4-1　图 4-7 所示是零件的图样，毛坯为 50 mm×100 mm 棒料，材料为 45 钢，需要车削外圆和端面。

（1）确定工艺方案

采用三爪自定心卡盘夹持 50 外圆，一次装夹完成粗、精加工。

（2）加工工序

①粗车端面及 45 外圆，留 0.5 mm 精车余量；

②精车 45 外圆到尺寸。

（3）刀具

零件的粗、精加工均用 90°外圆车刀完成。

（4）切削用量

粗加工时进给量为0.3 mm/r，主轴转速为 300 r/min；精加工时进给量为0.15 mm/r，主轴转速为 600 r/min。粗加工一次完成；精加工也一次完成，单边切削量为 0.5 mm。

（5）工件坐标系

以零件右端面与回转轴线交点为工件原点，坐标系如图 4-7 所示。用 G54 设定工件坐标系，设定方法与前面所介绍的完全相同。

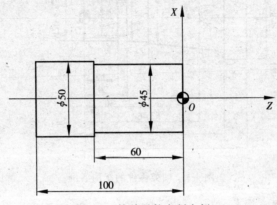

图 4-7　简单零件车削实例

程序如下：

O0401

N010	G54；		（调用 G54 坐标系）
N020	S300	M03；	（主轴正转，转速为 300 r/min）
N030	M08；		（送切削液）
N040	G00	X55.0 Z0；	（定位，快速到达端面的径向外）
N050	G01	X−0.5 F0.3；	（车削端面）
N060	G00	Z2.0；	（退刀）
N070	X46.0；		（定位）
N080	G01	Z−60.0 F0.3；	（粗车外圆）
N090	X55.0；		（端面）
N100	G00	Z2.0；	（退刀）
N110	X45.0	S600；	（45 外圆定位，主轴转速为 600 r/min）
N120	G01	Z−60.0 F0.15；	（精车 45 外圆到尺寸）
N130	X55.0；		（退刀）
N140	G00	Z100.0 M09；	（关切削液）
N150	M05；		（主轴停）
N160	M30；		（程序结束）

4.3.5　综合举例

1. 轴类零件

例 4-2　图 4-8 所示是零件的图样，毛坯为 $\phi40$ mm×100 mm 棒料，材料为 45 钢。

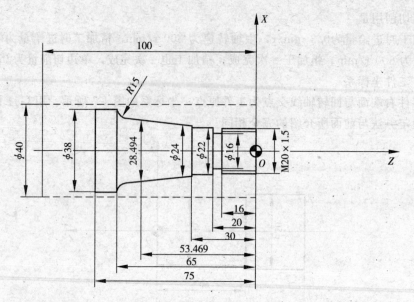

图 4-8　轴类零件的车削实例

（1）确定工艺方案

采用三爪自定心卡盘夹持 ϕ40 mm 外圆，棒料伸出卡盘外约 85 mm，找正后一次装夹完成粗、精加工。

（2）刀具

分析零件图以后，确认该零件加工需要 3 把刀具。选定 1 号刀为硬质合金机夹车刀；2 号刀为宽 4 mm 的硬质合金切槽刀；3 号刀为 60°硬质合金机夹螺纹车刀。

（3）工艺路线的设计

①用 1 号刀进行轮廓的粗车和精车，采用粗车循环指令 G71 和精车循环指令 G70 进行编程；

②用 2 号刀进行车槽加工；

③用 3 号刀车螺纹，采用 G76 指令编程；

④用 2 号刀切断工件。

（4）切削用量

粗车轮廓时车削深度为 1.5 mm，退刀量为 2 mm，进给量为 1.3 mm/r，主轴转速为 800 r/min；精车轮廓时进给量为 0.15 mm/r，主轴转速为 1200 r/min。粗车完毕后，X 向单边精车余量为 0.2 mm，Z 向单边精车余量为 0.1 mm；车槽时进给量为 0.15 mm/r，主轴转速为 600 r/min，车刀进入槽底部进给暂停 2 s。

（5）工件坐标系

以零件右端面与回转轴线交点为工件原点，坐标系如图 4-8 所示。用 G54 设定工件坐标系，设定方法与前面所介绍的完全相同。

程序如下：

O0402

N010　　G54；　　　　　　　　　　　　　　　　（调用 G54 坐标系）

N020　　S800　　　M03；　　　　　　　　　　　（主轴正转，转速为 800 r/min）

N030	M08；				（送切削液）
N040	T0101；				（换 1 号车刀，导入刀具补偿）
N050	G00	X50.0	Z5.0；		（快速到达循环起刀点定位）
N060	G94	X0	Z0	F0.15；	（端面固定循环车削端面）
N070	G90	X40.0	Z－80.0	F1.3；	（外径车削固定循环刮毛坯外径）
N080	G71	U1.5	R2.0；		（外圆粗车循环，N100～N170 为循环部分轮廓）
N090	G71	P100	Q170	U0.4　W0.1；	
N100	G00	X20.0；			（下刀）
N110	G01	Z－20.0　F0.15	S1200；		（车削螺纹部分圆柱，主轴转速为 1 200 r/min，进给量为 0.15 mm/r）
N120		X22.0；			（车削槽处的台阶端面）
N130		Z－30.0；			（车削 $\phi22$ mm 外圆）
N140		X24.0；			（车削台阶）
N150		X28.494 Z－53.469；			（车圆锥）
N160	G02	X38.0	Z－65.0	R15.0；	（车削 $\phi15$ mm 的圆弧）
N170	G01	Z－80.0；			（车削 38 外圆）
N180	G70	P100	Q170；		（从 N100～N170 精车轮廓）
N190	G00	X100.0；			（刀具沿径向快退）
N200		Z200.0；			（刀具沿轴向快退）
N210	T0202；				（换 2 号车刀，导入刀具补偿）
N220	G00	X24.0	Z－20.0	S600；	（2 号车刀快速定位，主轴转速为 600 r/min）
N230	G01	X16.0	F0.15；		（车槽）
N240	G04	X2.0；			（暂停 2 s，修光槽底）
N250	G00	X24.0；			（径向退刀）
N260		X100.0	Z200.0；		（回到换刀点）
N270	T0303；				（换 3 号车刀，导入刀具补偿）
N280	G00	X21.0	Z3.0；		（快速到达螺纹加工起始位置，轴向又引入长度 3 mm）
N290	G76	X18.052	Z－18.0	I0	
K0.974	D0.4	F1.5	A60	P1；	（螺纹循环加工）
N300	G00	X100.0；			（刀具沿径向快退）
N310		Z200.0；			（刀具沿轴向快退）
N320	T0202；				（换 2 号车刀，导入刀具补偿）
N330		X42.0	Z－79.0；		（快速到达切断位置）
N340	G01	X0	F0.15；		（切断进给）
N350		X42.0	F1.3；		（切断完毕后沿径向退出）

N360	G00	X100.0;	（刀具沿径向快退）
N370		Z200.0;	（刀具沿轴向快退）
N380		T0101;	（1 号刀，为下一个零件的加工做准备）
N390		M09;	（关冷却液）
N400		M05;	（主轴停止）
N410		M30;	（程序结束）

2. 套筒类零件

例 4-3　如图 4-9 所示为一套筒类零件，所选毛坯为 ϕ112 mm×143 mm 棒料，预留 ϕ75 mm 内孔，图中长度为 51 mm 的外径，以二次装夹来进行加工，本次编程不加工，材料为 45 钢。

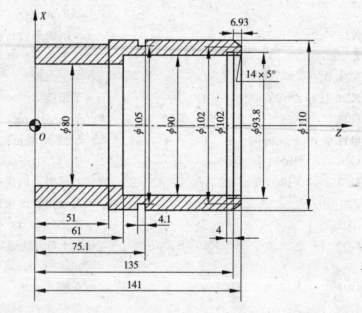

图 4-9　套筒类零件加工实例

（1）确定工艺方案

该工件壁厚较大，从零件图上可以看出设计基准在左端面，因此选择左端面和外圆作为定位基准，采用三爪自定心卡盘夹持，取工件左端面中心为工件坐标系坐标原点，换刀点选择在（200；400）处，找正后一次装夹完成粗、精加工。

（2）刀具

分析零件图以后，确认该零件加工需要 6 把刀具。选定 1 号刀为 90°硬质合金机夹粗车外圆偏刀，刀尖半径为 R0.5 mm；2 号刀为内圆粗车刀，刀尖半径为 R0.5 mm；3 号刀为 90°硬质合金机夹精车外圆偏刀，刀尖半径为 R0.2 mm；4 号刀为车槽刀，刀宽 4 mm；5 号刀为内圆精车刀，刀尖半径为 R0.2 mm；6 号刀为车槽刀，刀宽 4.1 mm。

（3）工艺路线的设计

①下料为 ϕ112 mm×141 mm 棒料，预留 ϕ75 mm 内孔，调质处理 HB220～250；

②用 1 号刀粗车端面、外圆锥面和 ϕ110 mm 外圆，单边留 0.25 mm 精车余量；

③用 2 号刀粗车内阶梯孔，X 向单边留 0.25 mm 精车余量，Z 向单边留 0.5 mm 精车余量；

④用 3 号刀精车端面、外圆锥面和 ϕ110 mm 外圆；

⑤用 4 号刀切 4×ϕ93.8 mm 的槽；

⑥用 5 号刀精车内阶梯孔和倒角；

⑦用 6 号刀切 4.1 mm×2.5 mm 的槽。

（4）切削用量

①粗车外轮廓时径向车削深度为 0.75 mm，进给量为 0.2 mm/r，主轴转速为 300 r/min；

②粗车内阶梯孔时径向最大车削深度为 4 mm，进给量为 0.3 mm/r，主轴转速为 300 r/min；

③精车端面、外圆锥面和 ϕ110 mm 外圆时，进给量为 0.08 mm/r，主轴转速为 600 r/min；

④切 4×ϕ93.8 mm 的槽时，进给量为 0.2 mm/r，主轴转速为 200 r/min，车刀进入槽底部进给暂停 2 s；

⑤精车内阶梯孔时，进给量为 0.08 mm/r，主轴转速为 600 r/min；

⑥切 4.1 mm×2.5 mm 的槽时，进给量为 0.1 mm/r，主轴转速为 240 r/min，车刀进入槽底部进给暂停 2 s。

（5）工件坐标系

取工件左端面中心为工件坐标系坐标原点，对刀点选择在（200，400）处，坐标系如图 4-9 所示。用 G54 设定工件坐标系，设定时按 4.3.2 节介绍的方法。

程序如下：

```
O0403
N010  G54;                              （调用 G54 坐标系）
N020  S300    M03;                      （主轴正转，转速为 300 r/min）
N030  M08;                              （送切削液）
N040  T0101;                            （换 1 号车刀，导入刀具补偿）
N050  G00    X118.0    Z141.5;          （快速到达粗车端面点定位）
N060  G01    X32.0    F0.2;             （粗车端面）
N070  G00    X103.0;                    （短锥面定位）
N080  G01    X110.5    Z117.678    F0.2;  （粗车短锥面）
N090  Z48.0;                            （粗车 φ110 mm 外圆）
N100  G00    X200.0    Z400.0;          （返回换刀点）
N110  T0202;                            （换 2 号车刀，导入刀具补偿）
N120  G00    X89.5    Z145.0;           （快速到达粗车内孔点定位）
N130  G01    Z61.5    F0.3;             （粗车 φ90 mm 内孔）
N140  X79.5;                            （粗车内孔阶梯面）
N150  Z−5.0;                            （粗车 φ80 mm 内孔）
N160  G00    X75.0;                     （径向退刀）
N170  Z180.0;                           （轴向退刀）
```

N180	G00	X200.0	Z400.0 ;		（返回换刀点 ）·
N190	T0303；				（换 3 号车刀，导入刀具补偿）
N200	G00	X70.0	Z145.0	S600；	（定位，主轴转速为 600 r/min）
N210	G01	Z141.0	F0.08 ；		（Z 向直线切削到尺寸）
N220	X102.0 ；				（精车端面）
N230	X110.0	W－6.93 ；			（精车短锥面）
N240	Z48.0 ；				（精车 φ110 mm 外圆）
N250	X112.0 ；				（径向退刀）
N260	G00	X200.0	Z400.0 ；		（返回换刀点）
N270	T0404；				（换 4 号车刀，导入刀具补偿）
N280	G00	X80.0	Z180.0	S200；	（定位，主轴转速为 200 r/min）
N290	Z131.0 ；				（车槽刀准确定位）
N300	G01	X93.8	F0.2 ；		（车槽）
N310	G04	X2.0 ；			（暂停 2 s，修光槽底）
N320	G00	X80.0 ；			（刀具沿径向快退）
N330	Z180.0 ；				（刀具沿轴向快退）
N340	G00	X200.0	Z400.0 ；		（返回换刀点）
N350	T0505；				（换 5 号车刀，导入刀具补偿）
N360	G00	X92.0	Z142.0	S600；	（定位，主轴转速为 600 r/min）
N370	G01	X90.0	Z140.0	F0.08 ；	（内孔倒角）
N380	Z61.0 ；				（精车 φ90 mm 内孔）
N390	X80.0 ；				（精车内孔阶梯面）
N400	Z－5.0 ；				（精车 φ80 mm 内孔）
N410	G00	X75.0 ；			（径向退刀）
N420	Z180.0 ；				（轴向退刀）
N430	G00	X200.0	Z400.0 ；		（返回换刀点）
N440	T0606；				（换 6 号车刀，导入刀具补偿）
N450	G00	X115.0	Z71.0	S240；	（定位，主轴转速为 240 r/min）
N460	G01	X105.0	F0.1 ；		（切 4.1 mm×2.5 mm 的槽）
N470	G04	X2.0 ；			（暂停 2 s，修光槽底）
N480	X115.0 ；				（沿径向退刀）
N490	G00	X200.0	Z400.0 ；		（返回换刀点）
N500	M09；				（关冷却液）
N510	M05；				（关主轴）
N520	M30；				（程序结束）

[思考与练习]

4-1　简述数控车床布局及应用？

4-2　数控车床为何要返回参考点？如何操作？

4-3　如何进行对刀操作？

4-4　数控车削加工的主要对象有哪些？

4-5　自动运行前必须做好哪些准备工作？

4-6　数控车床系统控制面板上有哪些按钮，各起什么作用？

4-7　数控车床电器控制面板上有哪些按钮，各起什么作用？

4-8　加工如图 4-10 所示零件，要求精车所有外形，不留加工余量。

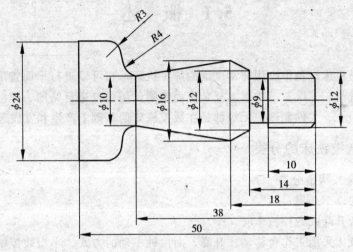

图 4-10　题 4-8 图

第 5 章 数控铣床加工程序的编制

5.1 概　述

数控铣床是机床设备中应用非常广泛的加工机床，它可以进行平面铣削、平面型腔铣削、外形轮廓铣削、三维及三维以上复杂型面铣削，还可以进行钻削、镗削、螺纹切削等孔加工。加工中心、柔性制造单元等都是在数控铣床的基础上产生和发展起来的。

5.1.1　数控铣床的分类

1. 数控铣床按构造分类

它可以分为以下几类：

(1) 工作台升降式数控铣床

这类数控铣床采用工作台移动、升降，而主轴不动的方式。小型数控铣床一般采用此种方式。

(2) 主轴头升降式数控铣床

这类数控铣床采用工作台纵向和横向移动，且主轴沿垂向溜板上下运动；主轴头升降式数控铣床在精度保持、承载重量、系统构成等方面具有很多优点，已成为数控铣床的主流。

(3) 龙门式数控铣床

这类数控铣床主轴可以在龙门架的横向与垂向溜板上运动，而龙门架则沿床身作纵向运动。大型数控铣床，因要考虑到扩大行程，缩小占地面积及刚性等技术上的问题，往往采用龙门架移动式。

2. 数控铣床按通用铣床的分类方法分类

(1) 数控立式铣床

它可以分为以下几类：

数控立式铣床在数量上一直占据数控铣床的大多数，应用范围也最广。从机床数控系统控制的坐标数量来看，目前 3 坐标数控立铣仍占大多数；一般可进行 3 坐标联动加工，但也有部分机床只能进行 3 个坐标中的任意两个坐标的联动加工（常称为 2.5 坐标加工）。此外，还有机床主轴可以绕 X，Y，Z 坐标轴中的其中一个或两个轴作数控摆角运动的 4 坐标和 5 坐标数控立铣。

(2) 卧式数控铣床

与通用卧式铣床相同，其主轴轴线平行于水平面。为了扩大加工范围和扩充功能，卧式数控铣床通常采用增加数控转盘或万能数控转盘来实现 4，5 坐标加工。这样，不但工件侧面上的连续回转轮廓可以加工出来，而且还可以实现在一次安装中，通过转盘改变工位，进行"四面加工"。

（3）立卧两用数控铣床

目前，这类数控铣床已不多见，由于这类铣床的主轴方向可以更换，能达到在一台机床上既可以进行立式加工，又可以进行卧式加工，而同时具备上述两类机床的功能，其使用范围更广、功能更全、选择加工对象的余地也更大，且给用户带来了方便。特别是生产批量小，品种较多，又需要立、卧两种方式加工时，用户只需买一台这样的机床就可以了。

5.1.2　数控铣床的加工对象

数控铣床主要用于对机械零件进行数控铣削加工的设备，它除了能够加工普通平面类零件外，还可以加工复杂型面的零件，如凸轮、样板、模具、螺旋槽等。同时也可以对零件进行钻、扩、铰、锪和镗孔加工。根据数控铣床的特点，从铣削加工角度考虑，适合数控铣削的主要加工对象有以下几种：

1. 平面类零件

加工平行或垂直于水平面，或加工面与水平面的夹角为定角的零件为平面类零件（如图 5-1 所示）。目前，在数控铣床上加工的大多数零件是平面类零件，其主要特点是各个加工面是平面，或可以展开为平面。平面类零件的加工是数控铣床加工中最简单的一类零件加工，这类零件加工一般只需要 3 坐标数控铣床中的 2 个坐标联动就可以很好地加工出来。

图 5-1　平面类零件

2. 变斜角类零件

加工面与水平面的夹角不断变化的零件称为变斜角类零件，如图 5-2 所示。

变斜角类零件的变斜角加工面不能展开为平面，但在加工时，加工面与铣刀圆周的瞬时接触为一条线。这类零件的加工大多采用 4 坐标或 5 坐标数控铣床加工。

3. 曲面类零件

加工面为复杂的空间曲面的零件称为曲面类零件，如图 5-3 所示。这类零件也不能展开为平面。在加工时，铣刀始终与加工面点接触，一般采用球头刀在 3 轴数控铣床上加工。对于非常复杂的曲面类零件，可采用 4 坐标或 5 坐标铣床加工。

图 5-2　变斜角类零件的加工

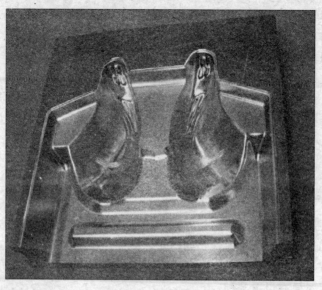

图 5-3　曲面类零件

5.1.3　数控铣床加工的特点

数控铣床加工主要有以下特点：

（1）零件加工的适应性强、灵活性好，能加工轮廓形状特别复杂或难以控制尺寸的零件，如模具、壳体类零件等。

（2）能加工普通机床无法加工或很难加工的零件，如用数学模型描述的复杂曲线零件以及三维空间曲面类零件。

（3）能加工一次装夹定位后，需进行多道工序加工的零件。

（4）加工精度高、加工质量稳定可靠。

（5）生产自动化程序高。

（6）生产效率高。

（7）属于断续切削方式，对刀具的要求较高，具有良好的抗冲击性、韧性和耐磨性。在干式切削下，要有红硬性。

5.2　数控铣床编程基础

5.2.1　数控铣削基本功能指令

1. 准备功能（G 指令）

准备功能指令是由地址 G 后面的数值表示的，它规定了该指令的实际意义，如表 5-1 所示。

通常 G 指令分为以下两种：（1）模态 G 指令，直到同一组的其他 G 指令被指定之前均有效的 G 指令；（2）非模态 G 指令，仅在被指定的程序段内有效的 G 指令。

表 5-1　　　　　　　　　　　　　**FANUC 15 系统的编程指令 G 功能代码**

G 指令	组别	功能
* G00	01	快速点定位
G01		直线插补
G02		顺时针方向圆弧插补
G03		逆时针方向圆弧插补
G04	00	暂停指令
G09		准备定位
* G15	17	极坐标系统取消
G16		极坐标系统设定
* G17	02	XY 平面设定
G18		XZ 平面设定
G19		YZ 平面设定
G20	06	英制单位设定
* G21		公制单位设定
G22	04	软体极限设定
G23		软体极限设定取消
G27	00	机床原点回归检测
G28		自动经中间点回归机床原点
G29		自动从机床原点经中间点至参考点
* G40	07	刀具半径补偿取消
G41		刀具半径左补偿
G42		刀具半径右补偿
G43	08	刀具长度正向补偿
G44		刀具长度负向补偿
* G49		刀具长度补偿取消
G45	00	刀具位置增加一倍补偿值
G46		刀具位置减少一半补偿值
G47		刀具位置增加两倍补偿值
G48		刀具位置减少两倍补偿值
G52	00	局部坐标系设定
C53		选择铣床坐标系
* G54	14	第一工件坐标系设定
G55		第二工件坐标系设定
G56		第三工件坐标系设定
G57		第四工件坐标系设定
G58		第五工件坐标系设定
G59		第六工件坐标系设定

续表

G 指令	组别	功能
G65	00	自设程序（宏程序）
G68	16	坐标系旋转
G69		坐标系旋转取消
G73	09	深孔钻循环
G74		左螺纹攻螺纹循环
G76		精钻孔循环
* G80		固定循环取消
G81		钻孔循环
G82		盲孔钻孔循环
G83		钻孔循环
G84		攻螺纹循环
G85	09	铰孔循环
G86		镗孔循环
G87		反镗孔循环
G88		手动退刀盲孔镗孔循环
G89		盲孔铰孔循环
* G90	03	绝对值坐标系统
G91		增量值坐标系统
G92	00	工件坐标系设定
G98	10	返回固定循环起始点
G99		返回固定循环参考点（R 点）

2. 辅助功能 M 指令

辅助功能指令是用地址字 M 及两位数字表示的，它在数控机床加工过程中，起到辅助作用，如主轴的启停、切削液的开关等，属于工艺性指令，如表 5-2 所示。

表 5-2　　　　　　　　　　　　　　　**M 功能指令**

M 指令	功能	M 指令	功能
M00	程序暂停	M07	喷雾开启
M01	选择性程序停止	M08	切削液开启
M02	程序结束	M09	喷雾关或切削液关
M03	主轴正转	M19	主轴定位
M04	主轴反转	M30	程序结束并返回
M05	主轴停止	M98	子程序调用
M06	刀具交换	M99	子程序调用结束，返回主程序

3. 其他常用功能指令

（1）进给功能指令 F

表示进给速度，用字母 F 及其后的若干数字来表示，单位是 mm/min。例如，F150 表示进给的速度为 150 mm/min。

（2）刀具补偿功能指令 H

表示刀具补偿号。它由字母 H 及其后的数字表示。该数字为存放刀具补偿量的寄存器地址字。

（3）主轴功能指令 S

表示主轴转速，由字母 S 和后面的若干数字来表示，单位为 r/min。例如，S300 表示主轴转速为 300 r/min。

（4）刀具功能指令 T

它表示换刀功能。用字母 T 和后面的两位数字表示，它后面的数字表示刀具号。例如，T06 表示第 6 号刀具。

5.2.2　数控铣床编程中的坐标系

1. 数控铣床坐标系统的分类

它可分为机床坐标系、工件坐标系和局部坐标系。

（1）机床坐标系

以机床原点为坐标系原点建立起来的 X，Y，Z 轴直角坐标系，称为机床坐标系。机床坐标系是制造和调整机床的基础，也是设置工作坐标系的基础。一般不允许随意改动，通常由机床生产厂家设定。

（2）参考点

参考点是机床上的一个固定点。该点是刀具退离到一个固定不变的极限点，其位置由机械挡块或行程开关来确定。以参考点为原点，坐标方向与机床坐标方向相同建立的坐标系称为参考点坐标系。数控机床可以根据需要设定多个参考点。

（3）工件坐标点

数控机床总是按照自己的坐标系作相应的运动，要想使工件的关键点摆放在数控机床的某一特定位置上是难以实现的，根据机床的坐标系编制相应的加工程序也是非常复杂的。因此，为了编程方便和装夹工件方便，必须建立工件坐标系。工件坐标系的各坐标轴名称和方向必须与所使用的数控机床坐标系相应的名称和方向相同。

（4）机床坐标系和工件坐标系之间的联系

机床有自己的坐标系，是按标准和规定建立起来的，各数控机床制造厂商必须严格执行。工件也有自己的坐标系，是由编程人员根据加工实际情况和所用机床来确定的。两者对应的各坐标轴的名称和方向是相同的，差别在于工件的坐标原点和机床的坐标原点不同。当工件安装在机床上以后，二者的原点是绝对不可能重合的，工件的原点相对于机床的原点。在 X，Y，Z 方向有位移量，通过对刀操作可以测定。因此，编程人员在编制程序时，只要根据零件图样就可以选定编程原点，建立编程坐标系，计算坐标数值，而不必考虑工件毛坯装夹的实际位置。

（5）局部坐标系

在某些情况下，为了方便还需要在工件坐标系中临时设立局部坐标系，这时需要把工件坐标系的原点平移到局部坐标系的零点；当加工完工件的这一局部后再恢复到工件坐标系中。局部坐标系是相对工件坐标系而言的，工件坐标系又是相对机床坐标系而言的，因此，在铣削加工编程时需要注意。

2. 数控铣床编程时应注意的问题

（1）了解数控系统的功能及规格。不同的数控系统在编写数控加工程序时，其格式及指令是不完全相同的。

（2）熟悉零件的加工工艺。

（3）合理选择刀具、夹具及切削用量、切削液。

（4）编程尽量使用子程序。

（5）程序零点的选择要使数据计算得简单.

5.3　数控铣床 G 指令及其编程

5.3.1　坐标系设定指令

1. 工件坐标系设定指令

工件坐标系设定指令是规定工件坐标系原点的指令，定工件坐标系原点又称为编程原点。数控编程时，必须先建立工件坐标系。机床的工件坐标系各坐标轴的方向和机床坐标系一致，工件坐标系可通过执行程序指令 G92　X — Y — Z —来建立或用 G54～G59 指令来预置。

（1）用 G92 指令建立工件坐标系

格式：G92　X — Y — Z —；

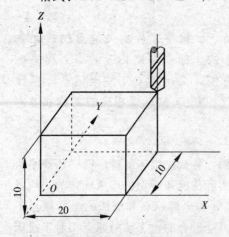

图 5-4　G92 指令建立的工件坐标系

该指令是将加工原点设定在相对于刀具起始点的某一空间点上。X，Y，Z 的坐标值为刀具当前位置相对于欲设定的工件坐标系原点的坐标；如果 X，Y，Z 的坐标值为 0，0，0 时，表示刀具当前位置为工件坐标系原点。工件坐标系设定后，程序内绝对指令中的坐标数据，就是在工件坐标系中的坐标值。

例如：如图 5-4 所示，坐标系设置命令为：

G92　X20　Y10　Z10；

其确立的加工原点在距离刀具起始点 $X=-20$，$Y=-10$，$Z=-10$ 的位置上。

G92 指令的意义就是声明当前刀具刀位点在工件坐标系中的坐标，以此作参照来确立工件原点的位置。

（2）用 G54～G59 来预置设定工件坐标系

在机床控制系统中，还可用 G54～G59 指令在 6 个预定的工件坐标系中选择当前工件坐标系。当工件尺寸很多且相对具有多个不同的标注基准时，可将其中几个基准点在机床坐标系中的坐标值，通过 MDI 方式预先输入到系统中，作为 G54～G59 的坐标原点，系统将自动记忆这些点。一旦程序执行到 G54～G59 指令之一时，该工件坐标系原点即为当前程序的原点，后续程序段中的绝对坐标均为相对此程序原点的值。

编程格式：G54　G90　G00　　（G01）　　X＿ Y＿ Z＿ （F＿）；

该指令执行后，所有坐标值指定的坐标尺寸都是选定的工件加工坐标系中的位置。1～6 号工件加工坐标系是通过 CRT/MDI 方式设置的。

如图 5-5 所示，铣凸台时用 G54 设置原点，铣槽用 G55 设置原点，编程时比较方便。工件可设置 G54～G59 共 6 个工作坐标系原点。工作原点数据值可通过对刀操作后，预先输入机床的偏置寄存器中，编程时不体现。

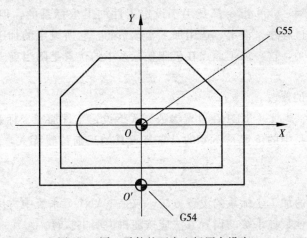

图 5-5　同一零件的两个坐标原点设定

例如：在图 5-6 中，用 CRT/MDI 在参数设置方式下设置了两个加工坐标系。

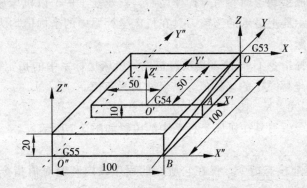

图 5-6　设置两个加工坐标系

G54：X－50　　Y－50　　Z－10；

G55：X－100　　Y－100　　Z－20；

这时，建立了原点在 O' 的 G54 加工坐标系和原点在 O'' 的 G55 加工坐标系。若执行下述程序段：

N10　G53　G90　X0　　Y0　　Z0；

N20　G54　G90　G01　X50　Y0　Z0　F100；

N30　G55　G90　G01　X100　Y0　Z0　F100；

则刀尖点的运动轨迹如图中 OAB 所示。

说明：

① G54 与 G55～G59 的区别

G54～G59 设置加工坐标系的方法是一样的，但在实际情况下，机床厂家为了用户的不同需要，在使用中有以下区别：利用 G54 设置机床原点的情况下，进行回参考点操作时机床坐标值显示为 G54 的设定值，且符号均为正；利用 G55～G59 设置加工坐标系的情况下，进行回参考点操作时机床坐标值显示零值。

② G92 与 G54～G59 建立工件坐标系的不同之处

G92 指令与 G54～G59 指令都是用于设定工件加工坐标系的，但在使用中是有区别的。G92 指令是通过程序来设定、选用加工坐标系的，它所设定的加工坐标系原点与当前刀具所在的位置有关，这一加工原点在机床坐标系中的位置是随当前刀具位置的不同而改变的。

③ G54～G59 的修改

G54～G59 指令是通过 MDI 在设置参数方式下设定工件加工坐标系的，一旦设定，加工原点在机床坐标系中的位置是不变的，它与刀具的当前位置无关，除非再通过 MDI 方式修改。

④ 应用范围

本课程所列举的加工坐标系的设置方法，仅是 FANUC 系统中常用的方法之一，其余不再一一列举。其他数控系统的设置方法应按随机说明书执行。

(3) 机床坐标系选择指令 G53

机床坐标系是机床固有的坐标系，由机床来确定。在机床调整后，一般此坐标系是不允许变动的。当完成手动返回参考点操作之后，就建立了一个以机床原点为坐标原点的机床坐标系，此时显示器上显示的当前刀具在机床坐标系中的坐标值均为零。

编程格式：G53　X＿　Y＿　Z＿；

机床坐标系选择指令 G53 使刀具快速定位到机床坐标系中的指定位置上，式中 X，Y 和 Z 后的值为机床坐标系中的坐标值，其尺寸均为负值。

例如：G53　G90　X－100　Y－100　Z－20；

当执行上述指令后刀具在机床坐标系中的位置如图 5-7 所示。

注意：

① G53 指令是非模态指令，仅在它所在的程序段内和绝对值指令 G90 时有效；在增量值指令 G91 时无效。

② 当执行 G53 指令时，应当取消刀具半径补偿、刀具长度补偿、刀具位置偏置。

③ 在指令 G53 之前，应设定机床坐标系，即在电源接通后，至少回过一次参考点。

2. 绝对值坐标指令 G90 和增量值坐标指令 G91

G90 指令规定在编程时按绝对值方式输入坐标，即移动指令终点的坐标值 X，Y，Z 都是以工件坐标系坐标原点（程序零点）为基准来计算。

G91 指令规定在编程时按增量值方式输入坐标，即移动指令终点的坐标值 X，Y，Z

都是以起始点为基准来计算的，再根据终点相对于始点的方向判断正负，与坐标轴同向取正，反向取负。

图 5-8 所示的移动量，分别用绝对值坐标指令 G90 和增量值坐标指令 G91 编程时，如下所示：

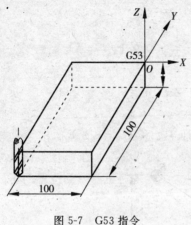

图 5-7　G53 指令

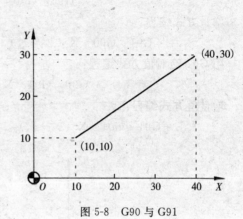

图 5-8　G90 与 G91

    G90　G00　X40.0　Y30.0；

    G91　G00　X30.0　Y20.0；

对于这两个指令，需要说明以下两点：编程时应注意 G90 和 G91 模式间的转换；使用 G90 和 G91 时无混合编程。

3. 平面选择指令 G17，G18 和 G19

平面选择 G17，G18，G19 指令分别用来指定程序段中刀具的插补平面和刀具半径补偿平面。G17 为选择 XY 平面；G18 为选择 ZX 平面；G19 为选择 YZ 平面。数控铣床在默认状态时选择 G17。如图 5-9 为平面选择和圆弧插补指令示意图。

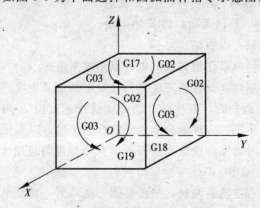

图 5-9　平面选择指令示意图

5.3.2　基本指令

1. 快速定位指令 G00 和直线进给指令 G01

编程格式：G90（G91）　　G00 X — Y — Z —；

G90 (G91)　　　G01 X＿Y＿Z＿F＿;

其中，X，Y，Z为目标点坐标；F为指定进给速度，单位为 mm/min。

例如，如图 5-10 所示，空间直线移动从 A 到 B。其编程计算方法如下：

用 G00 绝对值方式编程：

$$G90 \quad G00 \quad Xx_b \quad Yy_b \quad Zz_b;$$

增量方式编程：

$$G91 \quad G00 \quad X(x_b - x_a) \quad Y(y_b - y_a) \quad Z(z_b - z_a);$$

用 G01 绝对值方式编程：

$$G90 \quad G01 \quad Xx_b \quad Yy_b \quad Zz_b \quad F_f;$$

增量值方式编程：

$$G91 \quad G01 \quad X(x_b - x_a) \quad Y(y_b - y_a) \quad Z(z_b - z_a) F_f;$$

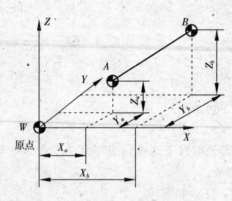

图 5-10　G00 和 G01 指令使用示意图

说明：

(1) 当 Z 轴按指令远离工作台时，先 Z 轴运动，再 X 轴、Y 轴运动。当 Z 轴按指令接近工作台时，先 X 轴、Y 轴运动，再 Z 轴运动。

(2) 不运动的坐标轴可以省略。

(3) 目标点的坐标值可以用绝对值，也可以用增量值。

(4) G00 功能起作用时，其移动速度为系统设定的最高速度。

(5) 使用 G01 功能指令时，刀具以 F 指令的进给速度由 A 向 B 进行切削运动，并且控制装置还需进行插补运算，合理地分配各轴的移动速度，以保证其合成运动方向与直线重合。G01 功能起作用时的实际进给速度等于 F 指令速度与进给速度修调倍率的乘积。

2. 圆弧插补指令 G02 和 G03

圆弧插补程序的编程方法有两种，一种是圆心法，另一种是半径法。

编程格式：G17　G90　(G91)　G02　(G03)　X＿Y＿R＿　(I＿J＿)F＿;

　　　　　　G18　G90　(G91)　G02　(G03)　X＿Z＿R＿　(I＿K＿)F＿;

　　　　　　G19　G90　(G91)　G02　(G03)　Y＿Z＿R＿　(J＿K＿)F＿;

其中，绝对编程时，X＿，Y＿，Z＿为圆弧终点绝对坐标，相对编程时是圆弧终点相对于圆弧起点的相对坐标；I＿，J＿，K＿为圆心在 X，Y，Z 轴上相对于圆弧起点的坐标，I，J，K 为零时可以省略。F＿表示进给量，规定了沿圆弧切向的进给速度；R＿为圆弧半径，当圆弧始点到终点所移动的角度小于 180°时，半径 R 用正值表示。当从圆弧始点到终点所移动的角度超过 180°时，半径 R 用负值表示。当圆弧始点到终点所移动的角度正好 180°时，正负均可。还应注意，整圆编程时不可以使用 R，只能用 I 和 J。且 G02 为顺时针方向，G03 为逆时针方向，如图 5-11 所示。

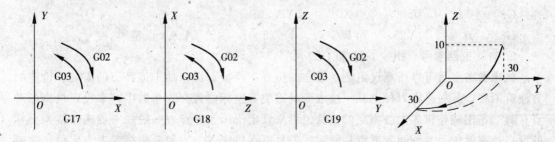

图 5-11　圆弧插补指令 G02 和 G03 使用

注意：圆弧插补只能在某平面内进行，因此，若要在某平面内进行圆弧插补加工，必须用 G17，G18 和 G19 指令事先将该平面设置为当前加工平面；否则将会产生错误警告。事实上，空间圆弧曲面的加工都是转化为一段段的空间直线（或平面圆弧）而进行的。

例 5-1　图 5-12（a）所示为半径等于 50 的球面，其球心位于坐标原点 O。刀具中心轨迹 A→B，B→C，C→A 的圆弧插补程序分别为：

A→B：G17　G90　G03　X0.0　　　Y50.0　I−50.0　J0.0；　（绝对坐标编程）

B→C：G19　G91　G03　Y−50.0　Z50.0　J−50.0　K0.0；　（增量坐标编程）

C→A：G18　G90　G03　X50.0　　Z0.0　R50；　　　　　　（绝对坐标编程）

例 5-2　完成图 5-12（b）所示加工路径的程序编制。

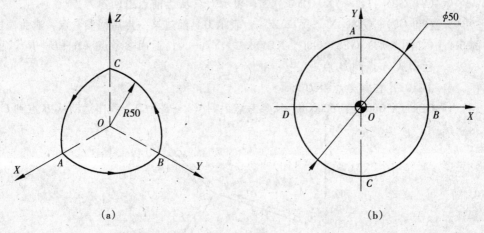

(a)　　　　　　　　　　　　　　　　(b)

图 5-12　圆弧插补指令 G02 和 G03 的使用

程序如下（刀具现位于 A 点上方，只描述轨迹运动）：

O0501

G90　G54　　　G00　　　X0　　　Y25.0；

G02　X25.0　　Y0　　　I0　　　J−25.0；　　　　A→B 点

G02	X0	Y−25.0	I−25.0	J0；	B→C 点
G02	X−25.0	Y0	I0	J25.0；	C→D 点
G02	X0	Y25.0	I25.0	J0；	D→A 点

或

G90	G54	G00	X0	Y25.0；	
G02	X0	Y25.0	I0	J−25.0；	A→A 点整圆

3. 自动返回参考点指令 G28 和 G29

　　机床参考点是可以任意设定的，设定的位置主要根据机床加工或换刀的需要。设定的方法有两种：其一是将刀杆上某一点或刀具刀尖等坐标位置存入参数中，来设定机床参考点；其二是用调整机床上各相应的挡铁位置来设定机床参考点。一般参考点选作机床坐标的原点，在使用手动返回参考点功能时，刀具可在机床 X，Y 和 Z 坐标参考点定位，这时返回参考点指示灯亮，表明刀具在机床的参考点位置。

　　编程格式：G91/G90　G28　X — Y — Z —；经指令中间点再自动回参考点。

　　　　　　　G91/G90　G29　X — Y — Z —；从参考点经中间点返回指令点。

　　绝对坐标 G90 方式编程时，G28 指令中的 X，Y 和 Z 坐标值是中间点在当前坐标系中的坐标值。G29 指令中的 X，Y，Z 坐标是从参考点出发将要移到的目标点，但仍在当前坐标系中的坐标值。增量坐标 G91 方式编程时，G28 中指令值为中间点相对于当前位置点的坐标增量；G29 中指令值为将要移到的目标点相对于前段 G28 中指令内的中间点的坐标增量。G29 指令一般紧跟在 G28 指令后使用，指令中的 X，Y 和 Z 坐标值是执行完 G29 后，刀具应到达的坐标点。它的动作顺序是从参考点快速到达 G28 指令的中间点，再从中间点移动到 G29 指令的点定位，其动作与 G00 动作相同。

　　例 5-3　(1) G91　G28　Z0；

　　　　　　(2) G91　G28　X0　Y0　Z0；表示刀具从当前点返回参考点

　　　　　　(3) G90　G28　X — Y — Z —；表示刀具经过某一点后回参考点，避免碰撞

　　例 5-4　(如图 5-13) G28　G90　X1000.0　Y700.0；返回参考点 (A→B→R)，程序运动从 A 点到 B 点

　　　　　　T0101；在参考点换刀

　　　　　　G29　X1500.0　Y200.0；从参考点返回 (R→B→C)，程序运动从 B 点到 C 点

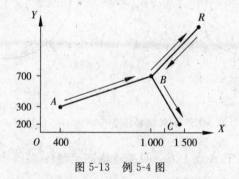

图 5-13　例 5-4 图

4. 暂停指令 G04

　　G04 指令可使刀具作短暂的无进给光整加工，以获得圆整而光滑的表面。

编程格式：

　　　G04　X —／P —；

地址码 X 或 P 为暂停时间，其中 X 后面可用带小数点的数，单位为 s，如 G04 X5 表示在前一程序执行完后，要经过 5 s 以后，后一程序段才开始执行。地址 P 后面不允许用小数点，单位为 ms。如 G04 P1000 表示暂停 1 s。

说明：

（1）程序在执行到某一段后，需要暂停一段时间，进行某些人为的调整，这时用 G04 指令使程序暂停，暂停时间一到，则继续执行下一段程序。

（2）G04 的程序段里不能有其他指令。

例如，G04　　X5.0；　　暂停时间＝5.0 sec

　　　　G04　　P5000；　　暂停时间＝5.0 sec

　　　　G04　　P12；　　　暂停时间＝0.012 sec

5. 英制和米制输入指令 G20 和 G21

G20 和 G21 是两个可以互相取代的代码。机床出厂前一般设定为 G21 状态，机床的各项参数均以米制单位设定。如果一个程序开始用 G20 指令，则表示程序中相关的一些数据均为英制（单位为英寸）；如果程序用 G21 指令，则表示程序中相关的一些数据均为米制（单位为 mm）。在一个程序内，不能同时使用 G20 或 G21 指令，且必须在坐标系确定前指定。G20 或 G21 指令断电前后一致，即停电前使用 G20 或 G21 指令，在下次后仍有效，除非重新设定。

编程格式：G20；

　　　　　G21；

与英制单位的换算关系为：1 mm≈0.0394 in；1 in＝25.4 mm。

5.4　数控铣床固定循环指令

5.4.1　固定循环的动作分析

数控铣床中的固定循环主要用于孔加工，如钻孔、镗孔、攻丝等。其动作由 6 个动作组成（见图 5-14）：XY 平面上定位；快速运行到 R 平面；孔加工操作；孔底操作；返回到 R 平面；快速返回到起始平面。

根据孔的长径比，可以把孔分为一般孔和深孔。根据孔的精度，可以把孔分为一般孔和高精度孔。还可以把孔分为光孔和螺纹孔。这些孔的加工有自己的工艺特点。数控铣床不仅可以完成铣削加工任务，还可以进行钻孔、镗孔和攻丝加工。为此，数控铣床系统提供了多种适合于不同情况下的孔加工固定循环指令。

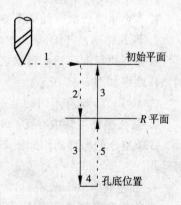

图 5-14　固定循环的动作

5.4.2　固定循环的程序格式

固定循环的程序格式如下：

G98（或 G99）　G73（或 G74 或 G76 或 G80～G89）X＿Y＿Z＿R＿Q＿P＿I＿J＿K＿F＿L＿；

说明：式中第一个 G 代码（G98 或 G99）指定返回点平面，G98 为返回初始平面，G99 为返回 R 点平面。第二个 G 代码为孔加工方式，即固定循环代码 G73，G74，G76 和 G81～G89中的任一个。

X 和 Y 为孔位数据，指被加工孔的位置；Z 为 R 点到孔底的距离（G91 时）或孔底坐标（G90 时）；R 为初始点到 R 点的距离或 R 点的坐标值；Q 指定每次进给深度（G73 或 G83 时）或指定刀具位移增量（G76 或 G87 时）；P 指定刀具在孔底的暂停时间；I 和 J 指定刀尖向反方向的移动量；K 为重复加工次数，范围是 1～6。当 K＝1 时，可以省略。当 K＝0 时，不执行孔加工。如果程序中选择了 G90 方式，刀具在原来孔的位置重复加工。如果选择 G91，则用一个程序段就能实现分布在一条直线上的若干个等距孔的加工。K 这个指令仅在被指定的程序段中才有效；F 为切削进给速度；L 指定固定循环的次数。G73，G74，G76 和 G81～G89，Z，R，P，F，Q，I，J 都是模态指令。G80，G01～G03 等代码可以取消固定循环。

5.4.3　固定循环指令详解

1. 高速深孔加工循环 G73

（1）指令功能。

该循环执行高速深孔钻。它执行间歇切削进给直到孔的底部，同时从孔中排除切屑，该指令的动作顺序如图 5-15 所示。

（2）指令格式：G73　X＿Y＿Z＿R＿Q＿K＿F＿；

X＿Y＿：指定要加工孔的位置；

Z＿：指定孔底平面的位置（与 G90 或 G91 的选择有关）；

R＿：指定初始平面的位置；

Q＿：每次切削进给的深度；

F＿：切削进给速度；

K＿：重复次数（如果需要的话）。

2. 深孔钻削循环 G83

该循环执行深孔钻，间歇切削进给到孔的底部，钻孔过程中从孔中排除切屑。该指令的动作顺序如图 5-16 所示。

G83 与 G73 略有不同的是每次刀具间歇进给后回退至 R 点平面。

3. 钻孔循环（钻中心孔）G81

G81 指令的循环动作如图 5-17 所示，包括 X 和 Y 坐标定位、快进、工进和快速返回等动作。

4. 带停顿的钻孔循环 G82

该指令除了要在孔底暂停外，其他动作与 G81 相同。其暂停时间由地址 P 给出。

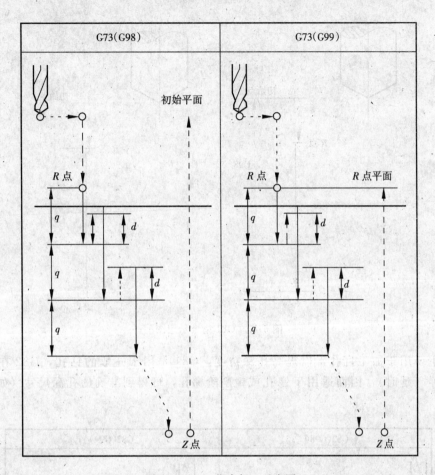

图 5-15　G73 指令加工示意图

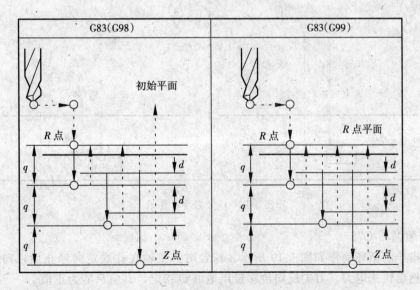

图 5-16　G83 指令示意图

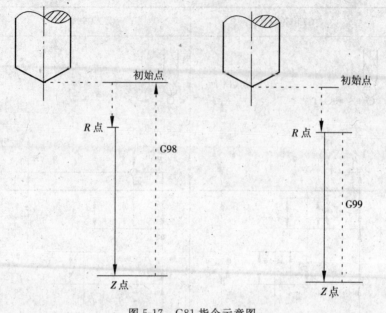

图 5-17　G81 指令示意图

此指令主要用于加工盲孔，以提高孔深精度。G81 是用于一般的钻孔，G82 在孔底增加了暂停（延时），因而适用于锪孔或镗削阶梯孔，可得到准确的孔深尺寸（如图 5-18 所示）。

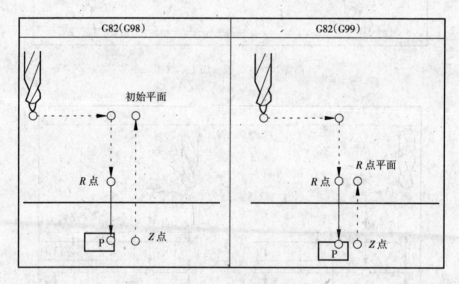

图 5-18　G82 指令示意图

5. 精镗循环 G76

G76 指令的循环动作如图 5-19 所示。精镗时，主轴在孔底定向停止后，向刀尖反方向移动，然后快速退刀。刀尖反向位移量用地址 Q 指定，其值只能为正值。

执行 G76 指令时：

（1）机床首先快速定位于 X，Y 以及 Z 定义的坐标位置；

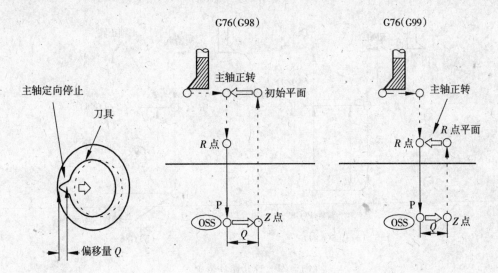

图 5-19　G76 指令示意图

（2）然后以 F 速度进行精镗加工；

（3）加工至孔底后暂停并进行主轴准停；·

（4）然后沿刀尖反方向运动 Q 距离（与偏移方向有关），主轴准停；

（5）快速退刀至 R 点（G99）或初始点（G98），并返回原 X 和 Y 位置，恢复主轴转动；

（6）G76 可保证退刀时精镗后的孔不被划伤。

6. 反镗循环指令 G87

反镗孔的动作如图 5-20 所示。

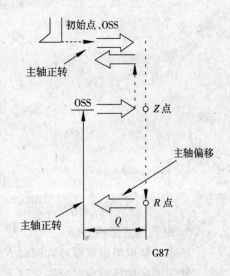

X 轴和 Y 轴定位后，主轴定向停止，刀具以与刀尖相反的方向按 Q 值给定的偏移量偏移并快速定位到孔底（R 点），在这里刀具按原偏移量（Q 值）返回，然后主轴正转，沿 Z 轴向上加工到 Z 点，在这个位置主轴再次定向停止后，刀具再次按原偏移量反向移动，然后主轴向孔的上方快速移动到达初始平面，并按原偏移量返回后主轴正转，继续执行下一个程序段。采用这种循环方式时，只能让刀具返回到初始平面而不能返回到 R 点平面，因为 R 点平面低于 Z 点平面。本指令的参数设定与 G76 通用。

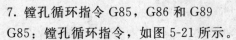

图 5-20　反镗孔的动作

7. 镗孔循环指令 G85，G86 和 G89

G85：镗孔循环指令，如图 5-21 所示。

G86 与 G85 的区别在于：执行 G86 指令刀具到达孔底位置后，主轴停止，并快速退回，如图 5-21（b）所示。

G89 指令与 G85 基本相同，只是在加工至孔底时，要停留一段时间（由 P 定义）后退出，如图 5-21（a）所示。

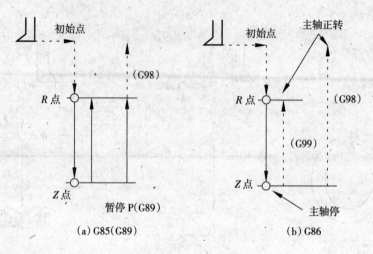

图 5-21　镗孔循环指令

8. 攻右旋螺纹循环指令 G84 与攻左旋螺纹循环指令 G74

G74 循环执行左旋攻丝。在左旋攻丝循环中，当到达孔底时，主轴顺时针旋转，该指令的动作顺序如图 5-22 所示。G84 循环执行右旋攻丝，主轴旋向与 G74 相反，其他指令相同。

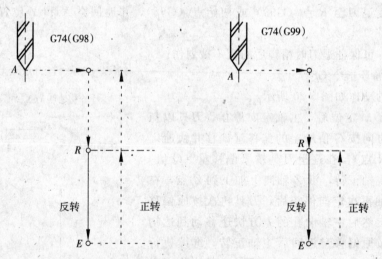

图 5-22　G74 左旋攻螺纹循环指令

9. 取消固定循环 G80

该指令能取消固定循环，同时 R 点和 Z 点也被取消。

使用固定循环指令时应注意以下几点：

(1) 在固定循环中，定位速度由前面的指令决定。

(2) 固定循环指令前应使用 M03 或 M04 指令使主轴回转。

(3) 各固定循环指令中的参数均为非模态值，因此每句指令的各项参数应写全。在固定循环程序段中，X，Y，Z，R 数据至少应指定一个才能进行孔加工。

(4) 控制主轴回转的固定循环（G74，G84，G86）中，如果连续加工一些孔间距较小，或者初始平面到 R 点平面的距离比较短的孔时，会出现在进入孔的切削动作前主轴还没有达到正常转速的情况，遇到这种情况时，应在各孔的加工动作之间插入 G04 指令，以获得时间。

（5）用 G00～G03 指令之一注销固定循环时，若 G00～G03 指令之一和固定循环出现在同一程序段，且程序格式为 G00（G02，G03）　G＿X＿Y＿Z＿R＿Q＿P＿I＿J＿F＿L＿时，按 G00（或 G02，G03）进行 X 和 Y 移动。

（6）在固定循环程序段中，如果指定了辅助功能 M，则在最初定位时送出 M 信号，等待 M 信号完成，才能进行加工循环。

（7）固定循环中定位方式取决于上次是 G00 还是 G01，因此，如果希望快速定位则在上一程序段或本程序段加 G00。

5.4.4　固定循环指令应用实例

例 5-5　试采用固定循环方式加工图 5-23 所示各孔。工件材料为 HT300，使用刀具 T01 为镗孔刀，T02 为 $\phi13$ mm 钻头，T03 为锪钻。

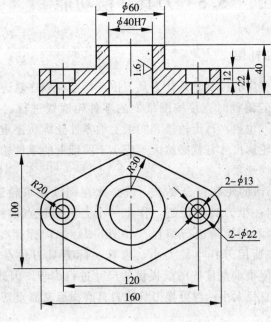

图 5-23　固定循环应用举例

程序如下：

O0502

N10	T01；					
N20	M06；					
N30	G90	G00	G54	X0	Y0	T02；
N40	G43	H01	Z20.0	M03	S500	F30；
N50	G98	G85	X0	Y0	R3.0	Z−45.0；
N60	G80	G28	G49	Z0.0	M06；	

N70	G00	X−60.0	Y50.0	T03;		
N80	G43	H02	Z10.0	M03	S600;	
N90	G98	G73	X−60.0	Y0	R−15.0 Z−48.0 Q4.0 F40;	
N100	X60.0;					
N110	G80	G28	G49	Z0.0	M06;	
N120	G00	X−60.0	Y0.;			
N130	G43	H03	Z10.0	M03	S350;	
N140	G98	G82	X−60.0	Y0	R−15.0 Z−32.0 P100 F25;	
N150	X60.0;					
N160	G80	G28	G49	Z0.0	M05;	
N170	G91	G28	X0	Y0	M30;	

5.5　刀具补偿功能

5.5.1　刀具半径补偿

　　数控加工中，系统程序的控制总是让刀具刀位点行走在程序轨迹上。铣刀的刀位点通常是定在刀具中心上，若编程时直接按图纸上的零件轮廓线进行，又不考虑刀具半径补偿，则将使刀具中心（刀位点）行走轨迹和图纸上的零件轮廓轨迹重合，这样由刀具圆周刃口所切削出来的实际轮廓尺寸，就必然大于或小于图纸上的零件轮廓尺寸一个刀具半径值，因而造成过切或少切现象。

　　为了确保铣削加工出的轮廓符合要求，就必须在图纸要求轮廓的基础上，整个周边向外或向内预先偏离一个刀具半径值，作出一个刀具刀位点的行走轨迹，求出新的节点坐标，然后按这个新的轨迹进行编程（如图 5-24（a）所示），这就是人工预刀补编程。这种人工预先按所用刀具半径大小，求算实际刀具刀位点轨迹的编程方法虽然能够得到要求的轮廓，但很难直接按图纸提供的尺寸进行编程，因计算繁杂和计算量大，并且必须预先确定刀具直径大小；当更换刀具或刀具磨损后又需重新编程，使用起来极不方便。

　　现在很多数控机床的控制系统自身都提供自动进行刀具半径补偿的功能，只需要直接按零件图纸上的轮廓轨迹进行编程，整个程序中只在少数地方加上几个刀补开始及刀补解除的代码指令。这样无论刀具半径大小如何变换，无论刀位点定在何处，加工时都只需要使用同一个程序或稍作修改，即只需按照实际刀具使用情况将当前刀具半径值输入到刀具数据库中即可。在加工运行时，控制系统将根据程序中的刀补指令自动进行相应的刀具偏置，确保刀具刃口切削出符合要求的轮廓。利用这种机床自动刀补的方法，可大大简化计算及编程工作，并且还可以利用同一个程序、同一把刀具，通过设置不同大小的刀具补偿半径值，逐步减少切削余量的方法来达到粗、精加工的目的，如图 5-24（b）所示。

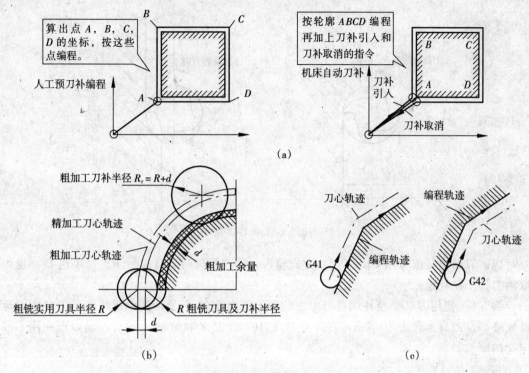

图 5-24　刀具半径补偿原理

1. 刀具半径补偿指令 G41，G42 和 G40

刀具半径补偿指令格式如下：

　　　G17　G41（或 G42）　G00（或 G01）　X—Y—D—；

或　G18　G41（或 G42）　G00（或 G01）　X—Z—D—；

或　G19　G41（或 G42）　G00（或 G01）　Y—Z—D—；D 为刀补号地址

　　　G40；　　　　　　　　　　　　　　　　　　　取消刀具半径补偿

G41 为左偏刀具半径补偿，定义为假设工件不动，沿刀具运动方向向前看，刀具在零件左侧的刀具半径补偿，如图 5-25 所示。

G42 为右偏刀具半径补偿，定义为假设工件不动，沿刀具运动方向向前看，刀具在零件右侧的刀具半径补偿，如图 5-25 所示。

G40 为取消刀具半径补偿。

程序格式：

　　　G00/G01　G41/G42　X—Y—D—；建立补偿程序段
　　　……　　　　　　　　　　　　　　轮廓切削程序段
　　　……
　　　G00/G01　G40　　　X—Y—；　　补偿撤销程序段

其中：

G41/G42 程序段中的 X 和 Y 值是建立补偿直线段的终点坐标值；

G40 程序段中的 X 和 Y 值是撤销补偿直线段的终点坐标；

D 为刀具半径补偿代号地址字，后面一般用两位数字表示代号，代号与刀具半径值一

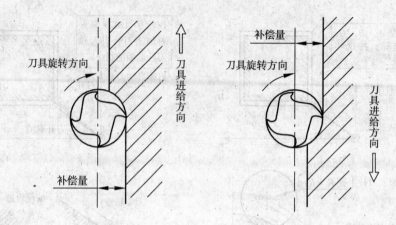

图 5-25　G41 和 G42 指令

一对应。刀具半径值可用 CRT/MDI 方式输入，即在设置时，D —— = R。如果用 D00 也可取消刀具半径补偿。

例 5-6　使用刀具半径补偿进行加工的例子见图 5-26 所示，图中虚线表示刀具中心运动轨迹。设刀具半径为 10 mm，刀具号为 T0101 假定 Z 轴方向无运动。起刀点在用 G92 定义的原点。

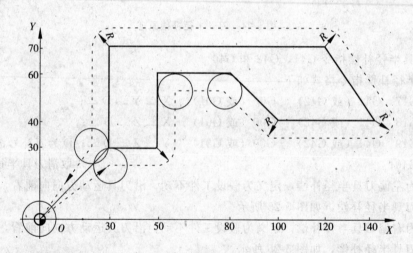

图 5-26　刀具半径补偿加工

程序如下：

```
O0503
G92     X0    Y0      Z0;
G90     G17   G01    F150    S1000    T0101    M06    M03;
G42     X30   Y30;
        X50;
        Y60;
        X80;
        X100  Y40;
```

X140；

X120　Y70；

X30；

Y30；

G40　　G00　　X0　　Y0　　　M05　　M30；

2. 刀具半径补偿工作过程

（1）刀补的建立

刀补的建立就是在刀具从起点接近工件时，刀具中心从与编程轨迹重合过渡到与编程轨迹偏离一个偏置量的过程。如图 5-27 所示：OA 段为建立刀补段，从 O→A 要用 G01 或 G00 编程，刀具的进给方向如图示，当用编程轨迹（零件轮廓）编程时如不用刀补，由 O→A 时，刀具中心在 A 点。如采用刀补，刀具将让出一个偏置量（本图为刀具半径）使刀具中心移动到 B 点。刀具补偿程序段内，必须有 G00 或 G01 功能才有效。如图所示建立刀补的程序为：

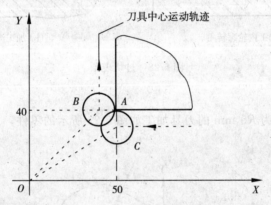

图 5-27　刀具半径补偿的过程

　　　G41　　G01　　X50　　Y40　　F100　　D01；

或　　G41　　G00　　X50　　Y50　　D01；

偏置量（刀具半径）预先寄存在 D01 指令的存储器中。G41，G42，D 均为续效代码。

（2）刀补进行

在 G41 和 G42 程序段后，刀具中心始终与编程轨迹相距一个偏置量，直到刀补取消。

（3）刀补的取消

刀具离开工件，刀具中心轨迹要过渡到与编程重合的过程。图中 CO 段为取消刀补段。当刀具以 G41 的形式加工完工件又回到 A 点后，就进入了取消刀补的阶段。和建立刀补一样，从 A→O 也要用 G00 或 G01 编程，取消刀补完成后，刀具又回到了起点位置。如图所示取消刀补的程序段为：

　　　G40　　G01　　X0　　Y0　　F100；

或　　G40　　G00　　X0　　Y0；

注意：

①建立补偿的程序段，必须是在补偿平面内不为零的直线移动。

②建立补偿的程序段，一般应在切入工件之前完成。

③撤销补偿的程序段，一般应在切出工件之后完成。在建立刀补与取消刀补的过程中，必须注意刀具与工件之间的相互位置，避免撞刀。

④使用刀具半径补偿时应避免过切削现象。通常过切有以下两种情况（如图 5-28 所示）：刀具半径大于所加工工件内轮廓转角时产生的过切；刀具直径大于所加工沟槽时产生的过切。

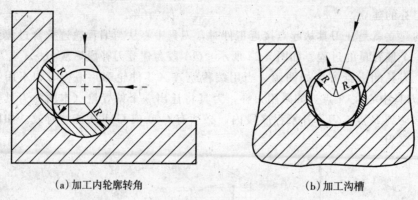

（a）加工内轮廓转角　　　　　　　（b）加工沟槽

图 5-28　过切现象

3. 应用举例

例 5-7　使用半径为 R5 mm 的刀具加工如图 5-29 所示的零件，加工深度为 5 mm，加工程序编制如下：

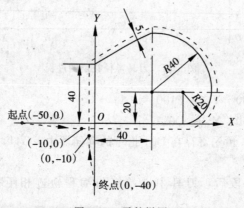

图 5-29　零件样图

O0504

G55	G90	G01	Z40	F2000；	进入 2 号加工坐标系
	M03	S500；			主轴启动
G01	X−50	Y0；			到达 X，Y 坐标起始点
G01	Z−5	F100；			到达 Z 坐标起始点
G01	G42	X−10	Y0	D01；	建立右偏刀具半径补偿
G01	X60	Y0；			切入轮廓
G03	X80	Y20	R20；		切削轮廓

G03	X40	Y60	R40；	切削轮廓
G01	X0	Y40；		切削轮廓
G01	X0	Y−10；		切出轮廓
G01	G40	X0	Y−40；	撤销刀具半径补偿
G01	Z40	F2000；		Z 坐标退刀
M05；				主轴停
M30；				程序停

设置 G55：X=−400，Y=−150，Z=−50；D01=5。

例 5-8　加工如图 5-30 所示外轮廓面，用刀具半径补偿指令编程。

采用刀具左补偿，程序如下：

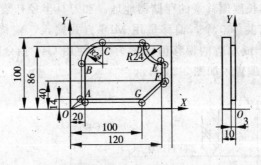

图 5-30　零件样图

O0505						程序名
G54	X−70.0	Y−100.0	Z−140.0	S1500	M03；	设工件零点于 O 点，主轴正转 1 500 r/min
G00	X0	Y0	Z2.0	T01；		刀具快进至（0，0，2）
G01	Z−3.0	F150；				刀具工进至深 3 mm
G41	X20.0	Y14.0；				建立左刀补 O→A
	Y62.0；					直线插补 A→B
G02	X44.0	Y86	I24	J0；		圆弧插补 B→C
G01	X96.0；					直线插补 C→D
G03	X120.0	Y62.0	I24.0	J0；		直线插补 D→E
G01	Y40.0；					直线插补 E→F
	X100.0	Y14.0；				直线插补 F→G
	X20.0；					直线插补 G→A
G40	X0	Y0；				取消刀补 A→O
G00	Z100.0；					刀具 Z 向快退
G53；						取消工件零点偏置
M02；						程序结束

5.5.2　刀具长度补偿功能

加工同一个零件可能需要多把刀具，相同或不同的刀具安装在刀柄上其长度不可能相等，因此需要进行刀具长度补偿。刀具长度补偿指令用于补偿编程的刀具和实际使用的刀具之间的长度差。使用刀具长度补偿指令，在编程时就不必考虑刀具的实际长度及各把刀具不同的长度尺寸。加工时，用 MDI 方式输入刀具的长度尺寸，即可正确加工。当由于刀具磨损、更换刀具等原因引起刀具长度尺寸变化时，只需修正刀具长度补偿量，而不必调整程序或刀具。

刀具长度补偿指令编程格式：

G43　G01/G02　H — Z —；刀具长度正补偿

G44　G01/G02　H — Z —；刀具长度负补偿

G49　G01/G02　Z —；刀具长度注销

其中：Z 为补偿轴的终点值。根据补偿的实际需要，还可以为 X 或 Y 等，但在程序中只能选一个；H 为刀具长度偏移量的存储器地址。和刀具半径补偿一样，长度补偿的偏置存储器号有 H00～H99 共 100 个，偏移量用 MDI 方式输入，偏移量与偏置号一一对应。偏置号.H00 一般不用，或对应的偏移值设置为 0。使用 G43 指令时，实现正向偏置；用 G44 指令时，实现负向偏置，如图 5-31 所示。

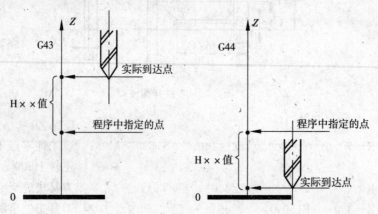

图 5-31　刀具长度补偿

执行 G43 时：$Z_{实际值} = Z_{指令值} + (H××)$

执行 G44 时：$Z_{实际值} = Z_{指令值} - (H××)$

H×× 是指编号为 ×× 寄存器中的刀具长度补偿量。

例 5-9　图 5-32 为刀具长度补偿编程实例，图中 A 为程序起点，加工路线为①—②—③—④—⑤—⑥—⑦—⑧—⑨。由于某种原因，刀具实际起始位置为 B 点，与编程的起点偏离了 3 mm，现按相对坐标编程，偏置量存入地址为 H01 的存储器中。

程序如下：

O0506

N1	G91	G00	X70.0	Y45.0	S800	M03;
N2	G43	Z—22.0	H01;			
N3	G01	Z—18.0	F100	M08;		
N4	G04	P2000;				
N5	G00	Z18.0;				

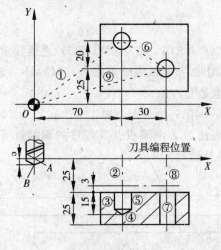

图 5-32　零件样图

N6	X30.0	Y−20.0；	
N7	G01	Z−33.0	F100；
N8	G00	G49	Z55.0　　M09；
N9	X−100.0	Y−20.0；	
N10	M30；		

5.6　数控铣床常用 M 指令

M 功能也称辅助功能，它是命令机床做一些辅助动作的代码。例如，主轴的旋转，冷却液的开、关等。ISO 标准中 M 功能从 M00～M99，共 100 种。由于所需辅助功能有限，部分代码没做定义，也就是说并没有 100 种 M 指令。主要的 M 指令见表 5-2，下面对其中的一些经常使用的 M 指令作一介绍。

1. 子程序调用指令 M98 和 M99

编程时，为了简化程序的编制，当一个工件上有相同的加工内容时，常用调子程序的方法进行编程。调用子程序的程序叫做主程序。子程序的编号与一般程序基本相同，只是程序结束字为 M99，表示子程序结束，并返回到调用子程序的主程序中。

调用子程序的编程格式　　M98　P —；

式中：P 表示子程序调用情况。P 后共有 8 位数字，前 4 位为调用次数，省略时为调用一次；后 4 位为所调用的子程序号。

子程序的格式：

　　　　　O××××

　　　　　— — — —；

　　　　　— — — —；

　　　　　……

　　　　　　　　— — — —；

　　　　　　　　M99；

在子程序的开头，继"O"（EIA）或"："（ISO）之后规定子程序号（由 4 位数字组成，前面的 O 可以省略），M99 为子程序结束指令，M99 不一定要单独使用一个程序段，如 G00　X — Y — M99；也是允许的。

例 5-10　如图 5-33 所示，在一块平板上加工 6 个边长为 10 mm 的等边三角形，每边的槽深为 −2 mm，工件上表面为 Z 向零点。其程序的编制就可以采用调用子程序的方式来实现（编程时不考虑刀具补偿）。

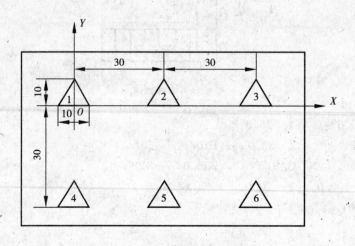

图 5-33　子程序应用举例

主程序：

O0507

N10	G54	G90	G01	Z40	F2000；	进入工件加工坐标系
N20	M03	S800；				主轴启动
N30	G00	Z3；				快进到工件表面上方
N40	G01	X0	Y8.66；			到 1♯三角形上顶点
N50	M98	P20；				调 20 号切削子程序切削三角形
N60	G90	G01	X30	Y8.66；		到 2♯三角形上顶点
N70	M98	P20；				调 20 号切削子程序切削三角形
N80	G90	G01	X60	Y8.66；		到 3♯三角形上顶点
N90	M98	P20；				调 20 号切削子程序切削三角形
N100	G90	G01	X0	Y−21.34；		到 4♯三角形上顶点
N110	M98	P20；				调 20 号切削子程序切削三角形
N120	G90	G01	X30	Y−21.34；		到 5♯三角形上顶点
N130	M98	P20；				调 20 号切削子程序切削三角形
N140	G90	G01	X60	Y−21.34；		到 6♯三角形上顶点
N150	M98	P20；				调 20 号切削子程序切削三角形
N160	G90	G01	Z40	F2000；		抬刀

| N170 | M05； | 主轴停 |
| N180 | M30； | 程序结束 |

子程序：

O0020

N10	G91	G01	Z−2	F100；	在三角形上顶点切入（深）2 mm
N20	G01	X−5	Y−8.66；		切削三角形
N30	G01	X10	Y0；		切削三角形
N40	G01	X5	Y8.66；		切削三角形
N50	G01	Z5	F2000；		抬刀
N60	M99；				子程序结束

设置 G54：X=−400，Y=−100，Z=−50。

2. 镜像指令 M24 和 M25

镜像加工编程也叫做轴对称加工编程，它是将数控加工的刀具轨迹沿某坐标轴作镜像变换而形成加工轴对称零件的刀具轨迹。

编程格式：G24　X — Y — Z —；

　　　　　　M98　P；

　　　　　　G25　X — Y — Z —；

G24 建立镜像，由指令坐标轴后的坐标值指定镜像位置，G25 指令取消镜像。G24 和 G25 为模态指令，可相互取消，G25 为缺省值。

例 5-11　如图 5-34 所示，用镜像指令进行镜像加工编程。

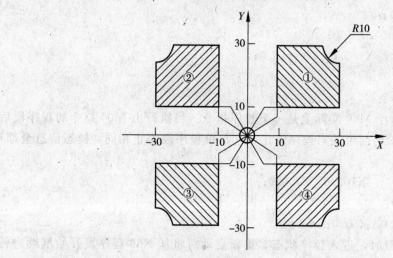

图 5-34　镜像指令应用举例

程序如下：

主程序

O0508

| N10 | G91 | G17 | M03； | |
| N20 | M98 | P100； | | 加工① |

N30	G24	X0；			Y 轴镜像，位置为 X＝0
N40	M98	P100；			加工②
N50	G24	X0	Y0；		X 轴、Y 轴镜像，位置为（0，0）
N60	M98	P100；			加工③
N70	G25	X0；			取消 Y 轴镜像
N80	G24	Y0；			X 轴镜像
N90	M98	P100；			加工④
N100	G25	Y0；			取消镜像
N110	M05；				
N120	M30；				

子程序（①的加工程序）：

O0100

N200	G41	G00	X10.0	Y4.0	D01；
N210	Y1.0；				
N220	Z－98.0；				
N230	G01	Z－7.0	F100；		
N240	Y25.0；				
N250	X10.0；				
N260	G03	X10.0	Y－10.0	I10.0；	
N270	G01	Y－10.0；			
N280	X－25.0；				
N290	G00	Z105.0；			
N300	G40	X－5.0	Y－10.0；		
N310	M99；				

3. 其他常用 M 指令

（1）程序停止 M00：M00 实际上是一个暂停指令。当执行由 M00 指令的程序段后，主轴停转，进给停止，切削液关，程序停止。它与单程序段停止相同，模态信息全部被保存。

例如：N10　G00　X100.0　Z100.0；
　　　N20　M00；
　　　N30　X50.0　Z50.0；

执行到 N20 程序段时，进入暂停状态，重新启动后将从 N30 程序段开始继续进行。如进行尺寸检验、清理切屑或插入必要的手工动作时，用此功能很方便。另外有两点需要说明：一是 M00 须单独设一程序段；二是在 M00 状态下，按复位键，则程序将回到开始位置。

（2）选择停止 M01：该指令的作用与 M00 相似，但它必须是在预先按下操作面板上的【OPS】按钮的情况下，当执行完编有 M01 指令的程序段的其他指令后，才会停止执行程序。如果不按下【OPS】按钮，则该指令无效，程序继续执行。

（3）程序结束 M02：执行 M02 后，主轴结束，切断机床所有动作，并使程序复位。

M02 也应单独作为一个程序段设定。

(4) M03：主轴顺时针方向转动。

(5) M04：主轴逆时针方向转动。

(6) M05：主轴停止。

(7) M07：切削液开。

(8) M08：切削液关。

(9) M13：主轴顺时针转动，切削液开。

(10) M14：主轴逆时针转动，切削液关。

(11) M30：程序结束和返回在完成程序的所有指令后，使主轴、进给和切削液停止，并使机床及控制系统复位。

5.7 铣床加工应用举例

例 5-12· 加工图 5-35 所示零件，工件材料为 45 号钢，毛坯尺寸为 175 mm×130 mm×6.35 mm。工件坐标系原点 $(X_0，Y_0)$ 定在距毛坯左边和底边均 65 mm 处，其 Z_0 定在毛坯表面上，采用 $\phi 10$ mm 柄铣刀，主轴转速 S＝1 250 r/min，进给速度 F＝150 mm/min。轮廓加工轨迹如图 5-36 所示，编写零件的加工程序。

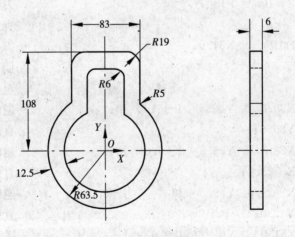

图 5-35 零件样图

加工程序：

O0509					程序号
N010 G90	G21	G40	G49	G80；	绝对尺寸指令，米制，注销刀具补偿和固定循环功能
N020 G91	G28	X0	Y0	Z0；	刀具移至参考点
N030 G92	X−200.0 Y200.0 Z0；				设定工件坐标系原点坐标

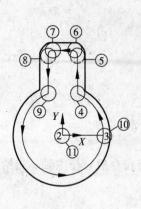

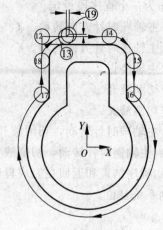

(a) 内轮廓(①,②重合)　　　　　　(b) 外轮廓

图 5-36　轮廓加工轨迹

N040	G00	G90	X0	Y0	Z0	S1250	M03；刀具快速移至点 2，主轴以 1 250 r/min 正转

N040　G00　G90　X0　Y0　Z0　S1250　M03；　刀具快速移至点 2，主
　　　　　　　　　　　　　　　　　　　　　　　　轴以 1 250 r/min 正转

N050　G43　Z50.0　H01；　　　　　　　　　　刀具沿 Z 轴快速定位
　　　　　　　　　　　　　　　　　　　　　　　至 50 mm 处

N060　M08；　　　　　　　　　　　　　　　　开冷却液

N070　G01　Z−10.0　F150；　　　　　　　　　刀具沿 Z 轴以150 mm/min
　　　　　　　　　　　　　　　　　　　　　　　直线插补至−10 处

N080　G41　D01　X51.0；　　　　　　　　　　刀具半径补偿有效，补
　　　　　　　　　　　　　　　　　　　　　　　偿号 D 01，直线插补
　　　　　　　　　　　　　　　　　　　　　　　至点 3

N090　G03　X29.0　Y42.0　I−51.0　J0；　　　逆时针圆弧插补至点 4

N100　G01　Y89.5；　　　　　　　　　　　　　直线插补至点 5

N110　G03　X23　Y95.5　I−6.0　J0；　　　　　逆时针圆弧插补至点 6

N120　G01　X−23.0；　　　　　　　　　　　　直线插补至点 7

N130　G03　X−29.0　Y89.5　I0　J−6.0；　　　逆时针圆弧插补至点 8

N140　G01　Y42.0；　　　　　　　　　　　　　直线插补至点 9

N150　G03　X51.0　Y0　I29.0　J−42.0；　　　逆时针圆弧插补至点 10

N160　G01　X0；　　　　　　　　　　　　　　直线插补至点 11

N170　G00　Z5.0；　　　　　　　　　　　　　沿 Z 轴快速定位至
　　　　　　　　　　　　　　　　　　　　　　　5 mm 处

N180　X−41.5　Y108.0；　　　　　　　　　　快速定位至点 12

N190　G01　Z−10.0；　　　　　　　　　　　　沿 Z 轴直线插补至−10 处

N200　X22.5；　　　　　　　　　　　　　　　直线插补至点 14

N210　G02　X41.5　Y89.0　I0　J−19.0；　　　顺时针圆弧插补至点 15

N220　G01　Y48.0；　　　　　　　　　　　　　直线插补至点 16

N230	G02	X−41.5	Y48.0	I−41.5	J−48.0；	顺时针圆弧插补至点 17
N240	G01	Y89.0；				直线插补至点 18
N250	G02	X−22.5	Y108.0	I19.0	J0；	顺时针圆弧插补至点 13
N260		X−20	Y110.5；			直线插补至点 19
N270	G00	G90	Z20.0	M05；		刀具沿 Z 轴快速定位至 20 mm 处,主轴停转
N280	M09；					关冷却液
N290	G01	G28	X0	Y0	Z0；	返回参考点
N300	M30；					程序结束

例 5-13 在数控机床上加工如图 5-37 所示的零件,选择 ϕ16 mm 的立铣刀进行加工,设安全平面高度为 30 mm,进刀/退刀方式为圆弧切向进刀/退刀。

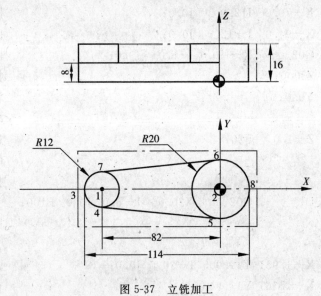

图 5-37 立铣加工

程序如下:

O0510；					第 0009 号程序,铣削连杆
N10	G54	G90	G00	X0 Y0；	设置程序原点
N15	Z30.0；				进刀至安全面高度
N20	X36.0	Y0.0	S1000	M03；	将刀具移出工件右端面一个刀具直径,启动主轴
N30	M08；				打开冷却液
N40	G01	Z8.0	F20；		进刀至 8 mm 高度处,铣第一个圆
N50	G42	D1	G02	X20.0 I−8.0 J0 F100；	刀具半径右补偿,圆弧引入切向进

刀点 8

N60 G03	X−20.0	Y0.0	I−20.0	J0.0;		圆弧插补铣半圆
N70 G03	X20.0	Y0.0	I20.0	J0.0;		圆弧插补铣半圆
N80 G40	G02	X36.0	I8.0	J0.0;		圆弧引出切向退刀
N90 G00	Z30.0;					抬刀至安全面高度
N100 X−110.0 Y0.0;						将刀具移出工件左端面一个刀具直径
N110 G01	Z8.0	F20;				进刀至 8 mm 高度处，铣第二个圆
N120 G42	D1	G02	X−94.0 Y0.0	I8.0	J0 F100;	刀具半径右补偿，圆弧引入切向进刀点 3
N130 G03	X−70.0	I12.0	J0.0;			圆弧插补铣半圆
N140 G03	X−94.0	I−12.0	J0.0;			圆弧插补铣半圆
N150 G40	G02	X−110.0	I−8.0	J0.0;		圆弧引出切向退刀
N160 G00	Z30.0;					抬刀至安全面高度
N170 X36.0	Y0.0;					将刀具移出工件右端面一个刀具直径
N180 G01	Z−1.0	F20;				进刀至工件底面下的 −1 mm 处，铣整个轮廓
N190 G42	D1	G02	X20.0	I−8.0	J0.0 F100;	刀具半径右补偿，圆弧引入切向进刀点 8
N200 G03	X−1.951	Y19.905	I−20.0	J0.0;		圆弧插补至点 6
N210 G01	X−83.165	Y11.943;				直线插补至点 7
N220 G03	Y−11.943	I1.165	J−11.943;			圆弧插补至点 4
N230 G01	X−1.951	Y−19.905;				直线插补至点 5
N240 G03	X20.0	Y0.0	I1.951	J19.905;		圆弧插补至点 8
N250 G40	G02	X36.0	I8.0	J0.0;		圆弧引出切向退刀
N260 G00	Z30.0;					抬刀至安全面高度
N270 M30;						

例 5-14　加工如图 5-38 所示零件，设中间 ϕ28 mm 的圆孔与外圆 ϕ130 mm 已经加工完成，现需要在数控机床上铣出直径 ϕ120～ϕ40 mm、深 5 mm 的圆环槽和 7 个腰形通孔。

工艺分析：

根据工件的形状尺寸特点，确定以中心内孔和外形装夹定位，先加工圆环槽，再铣 7 个腰形通孔。

铣圆环槽方法：采用 20 mm 的铣刀，按直径 120 mm 的圆形轨迹编程，采用逐步加大刀具补偿半径的方法，一直到铣出直径 40 mm 的圆为止。

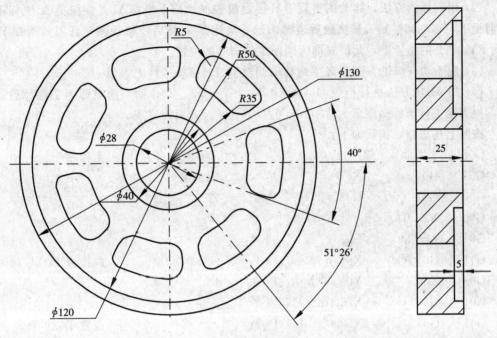

图 5-38　零件样图

铣腰形通孔方法：采用 8～10 mm 的铣刀不超过 10，以正右方的腰形槽为基本图形编程，并且在深度方向上分 3 次进刀切削，其余 6 个槽孔则通过旋转变换功能铣出。由于腰形槽孔宽度与刀具尺寸的关系，只需沿槽形周围切削一周即可全部完成，不需要再改变径向刀补重复进行。如图 5-39 所示，现已计算出正右方槽孔的主要节点的坐标分别为：

A（34.128，7.766），B（37.293，3.574），C（42.024，15.296），D（48.594，11.775）。

对刀方法：

（1）先下刀到圆形工件的左侧，手动→步进调整机床至刀具接触工件左侧面，记下此时的坐标 X_1；手动沿 Z 向提刀，在保持 Y 坐标不变的情形下，移动刀具到工件右侧，同样通过手动→步进调整步骤，使刀具接触工件右侧，记下此时的坐标 X_2；计算出 $X_3 = (X_1 + X_2) / 2$ 的结果，手动提刀后，通过手动→步进调整过程，将刀具移到坐标 X_3 处，此位置即为 X 方向上的中心位置，对刀方式如图 5-39 所示。

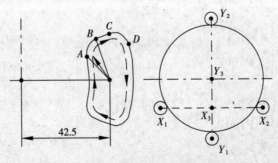

图 5-39　链轮轮廓的示意简图

　　(2) 用同样的方法，移动调整到刀具接触前表面，记下坐标 Y_1；在保持 X 坐标不变的前提下，移动调整到刀具接触后表面，记下坐标 Y_2；最后，移动调整到刀具落在 $Y_3 = (Y_1 + Y_2)/2$ 的位置上，此位置即为圆形工件圆心的位置。

　　(3) 用手动→步进方法沿 Z 方向移动调整至刀具接触工件上表面。

　　(4) 用 MDI 方法执行指令 G54　X　X3　Y　Y3　Z0；则当前点即为工件原点；然后，提刀至工件坐标高度 $Z = 25.0$ mm 的位置处，至此对刀完成。

　　按照上述思路，编程如下：

O0511					主程序	
G54	G00	X0	Y0	Z25.0;		
G90	G17	G43	G00	Z5.0	H01	M03;
G00	X25.0;					
G01	Z−5.0	F150;				
G41	G01	X60.0	D01;		应设置 D01=10	
G03	X60	Y0	I−60	J0;		
G01	G40	X25.0;				
G41	G01	X60.0	D02;		设置 D02=20	
G03	X60	Y0	I−60	J0;		
G01	G40	X25.0;				
G41	G01	X60.0	D03;		设置 D03=30	
G03	X60	Y0	I−60	J0;		
G01	G40	X25.0;				
G49	G00	Z5.0;				
G28	Z25.0	M05;				
G28	X0	Y0;				
	M00;				暂停、换刀	
G29	X0	Y0;				
G00	G43	Z5.0	H02	M03;		
	M98	P100;				
G68	X0	Y0	P51.43;			
	M98	P100;				
G69;						
G68	X0	Y0	P102.86;			
	M98	P100;				
G69;						
G68	X0	Y0	P154.29;			
	M98	P100;				
G69;						
G68	X0	Y0	P205.72;			
	M98	P100;				

G69;

G68　　　X0　　　　　　Y0　　　　　　P257.15;

　　　　　M98　　　　　P100;

G69;

G68　　　X0　　　　　　Y0　　　　　　P308.57;

　　　　　M98　　　　　P100;

G69;

G00　　　Z25.0;

　　　　　M05　　　　　M30;

O0100　　　　　　　　　　　　　　　　　　　　　　子程序

G00　　　X42.5;

G01　　　Z-12.0　　　F100;

　　　　　M98　　　　　P110;

G01　　　Z-20.0　　　F100;

　　　　　M98　　　　　P110;

G01　　　Z-28.0　　　F100;

　　　　　M98　　　　　P110;

G00　　　Z5.0;

　　　　　X0　　　　　　Y0;

M99;

O0110　　　　　　　　　　　　　　　　　　　嵌套的子程序

G01　　　G42　　　　　X34.128　　　Y7.766　　　D04;

G02　　　X37.293　　　Y13.574　　　R5.0;

G01　　　X42.024　　　Y15.296;

G02　　　X48.594　　　Y11.775　　　R5.0;

G02　　　Y-11.775　　R50.0;

G02　　　X42.024　　　Y-15.296　　R5.0;

G01　　　X37.293　　　Y-3.574;

G03　　　X34.128　　　Y7.766　　　R35.0;

G02　　　X37.293　　　Y13.574　　　R5.0;

G40　　　G01　　　　　X42.5　　　　Y0;

M99;

　　例 5-15　如图 5-40 所示为某企业生产的自动扶梯的链轮轮廓的示意简图。链轮由 24 个齿均布，由局部放大图中可见，链轮的每一个齿廓都由 6 个不同曲率半径的拐点相接而成。

　　工艺分析：在实际加工中，每铣一个齿后，将坐标系旋转一定的角度，再继续铣削，就降低了编程的工作量。为使程序简化，使用相对坐标指令 G91 来旋转坐标系，可以省略每一齿调用子程序的编写。编程时，以加工一个齿形为基准，一个齿形加工程序的终点作为下一齿形加工的起点，如此循环 24 次，完成链轮的加工。本例题是使用 φ10 mm 的硬质合金立铣刀进

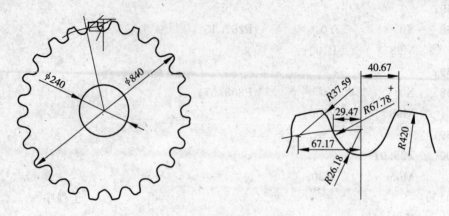

图 5-40　链轮轮廓的示意简图

行加工。

数据计算：从图可以看出，用手工计算节点是不现实的，可以使用 AUTOCAD 绘制。在 AUTOCAD 中使用偏移指令，将链轮正上方的一个齿的轮廓线偏移一个刀具半径值5 mm（这样可以不使用刀具半径补偿），得到图 5-41 中双点划线所示图形。标注各交点的坐标和各段圆弧半径。

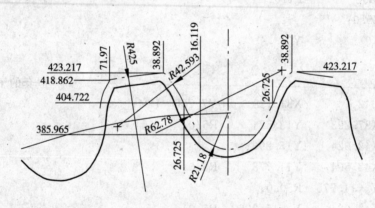

图 5-41　计算结果

加工坐标原点：X：链轮的圆心；Y：链轮的圆心；Z：链轮的下表面。

加工程序：

O0512				主程序
G54	G90	G00	X−75	Y450;
	M03	S1500;		
	M08;			
G00	Z5;			
G01	Z0	F100;		
G01	X−71.97	Y418.862;		
	M98	P0163	L24;	
G00	Z100	M09;		

```
G69;
G90      G00           X100           Y0;
         M05;
         M02;
O0163                                                           子程序
G91      G68           R15;
         M98           P1136;
         M99;
O1136                                                           子程序
G90      G02           X-38.892      Y423.217       R425;
                       X-26.725      Z404.722       R42.293;
G03      X-16.119      Z385.965      R62.78;
                       X16.119       Z385.965       R21.18;
                       X26.725       Z404.722       R62.78;
G02      X38.892       Y423.217      R42.293;
M99;
```

[思考与练习]

5-1　数控铣床的加工对象和编程特点是什么？

5-2　数控铣床的坐标系是怎样规定的？如何设定工件坐标系？

5-3　数控铣床的基本功能指令如何分类？

5-4　数控铣床的补偿功能有哪些？铣床是如何进行刀具补偿的？

5-5　设定工件坐标系的意义如何？说明 G50 与 G54～G59 指令的使用区别。

5-6　说明基本指令 G00，G01，G02，G03，G04，G28 的意义。

5-7　说明 G17，G18，G19 指令的区别及圆弧插补指令 G02 和 G03 的区别。

5-8　数控铣床是怎样实现循环加工的？写出铣削循环的几种程序段格式并说明其意义。

5-9　什么时候应用子程序调用功能？如何调用子程序？

5-10　编写精铣如图 5-42 所示外轮廓的程序。

5-11　加工如图 5-43 所示的内、外轮廓面，刀具直径为 8 mm，试编写程序。

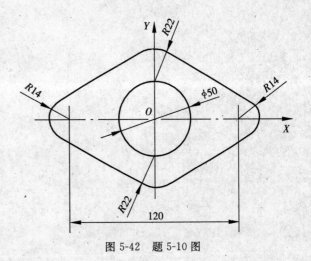

图 5-42　题 5-10 图

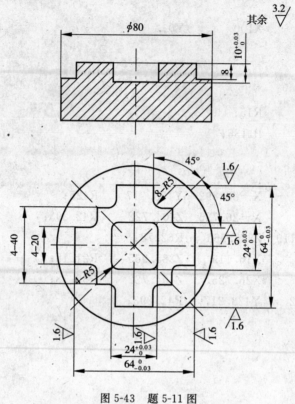

图 5-43　题 5-11 图

第6章 数控铣床加工操作

数控铣床操作的根本任务是使用数控加工程序铣削出合格的零件。根据机床规格和性能的不同，将对其进行不同档次的配置。同其他机床一样，对于不同型号的机床，由于机床的结构、操作面板及电器系统的差别，操作方法都会稍有差异，但基本操作方法相同。下面以国产 XK5025 型数控立式铣床，配置 FAUNC-OMD 数控系统为例，介绍机床数控铣床的组成、结构特点、主要参数及操作方法。

6.1 数控铣床的组成及技术参数

1. XK5025 型数控铣床的组成、结构特点

如图 6-1 所示，XK5025 型数控立式升降台配有 FANUC-OMD 数控系统，采用全数字交流伺服驱动。加工时，按照待加工零件的尺寸及工艺要求，编制成数控加工程序，通过控制面板上的操作键盘输入计算机，计算机经过处理发出脉冲信号，该信号经过驱动单元放大后驱动伺服电机，实现铣床的 X，Y 和 Z 3 坐标联动功能，完成各种复杂形状的加工。

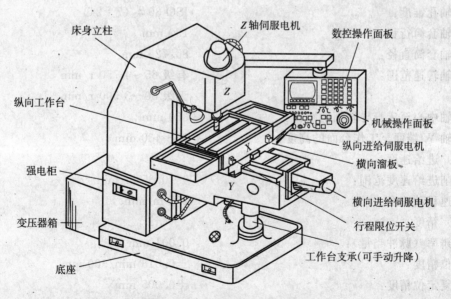

图 6-1 XK5025 型立式数控铣床

XK5025 型数控铣床的主轴电动机为双速电动机。通过双速开关可以实现主轴正转和反转的高、低速四挡功能，而每一种功能状态下，又可通过机械齿轮变速达到调速的目的。本机床适用于多品种小批量零件的加工，对各种复杂曲线的凸轮、样板、弧形槽等零件的加工效能尤为显著。由于本机床是三坐标数控铣床，驱动采用精度高、可靠性好的全数字交流伺服电动机，输出力矩大，高速和低速性能均很好，且系统具备手动回机床零点功能，机床的定位精度和重复定位精度较高，不需要模具就能确保零件的加工精度。同时机床所配系统具备刀具半径补偿和长度补偿功能，降低了编程复杂性，提高了加工效率。本系统还具备零点偏置功能，相当于可以建立多工件坐标系，实现多工件的同时加工，空行程可采用快速方式，以减少辅助时间，进一步提高了劳动生产率。

提供的各项功能通过其控制面板的各项操作来实现。该机床功能齐全，具有直线插补、圆弧插补、刀具补偿、固定循环和用户宏程序等功能。控制面板由数控系统操作面板（也称 CRT/MDI 面板）和机床操作面板组成。面板上的 9 in（1 in＝25.4 mm）CRT 显示屏可实时提供各种系统信息：编程、操作、参数和图像。每一种功能都具备多种子功能，可以进行后台编辑。

2. 机床主要技术参数

(1) 工作台

工作台面积（宽×长）：　　　　　　　　250 mm×1 120 mm

工作台纵向行程：　　　　　　　　　　　680 mm

工作台横向行程：　　　　　　　　　　　350 mm

升降台垂向行程：　　　　　　　　　　　400 mm

工作台允许最大承载：　　　　　　　　　250 kg

(2) 主轴

主轴孔锥度：　　　　　　　　　　　　　ISO 30♯（7∶24）

主轴套筒行程：　　　　　　　　　　　　130 mm

主轴套筒直径：　　　　　　　　　　　　85.725 mm

主轴转速范围：　　　　　　　　　　　　有级 65～4 750 r/min

　　　　　　　　　　　　　　　　　　　无级 60～3 500 r/min

主轴中心至床身导轨面的距离：　　　　　360 mm

主轴 W 端面至工作台面的高度：　　　　 30～430 mm

(3) 进给速度

铣削进给速度范围：　　　　　　　　　　0～0.35 m/min

快速移动速度：　　　　　　　　　　　　2.5 m/min

(4) 精度

分辨率（脉冲当量）：　　　　　　　　　0.001 mm

定位精度：　　　　　　　　　　　　　　±0.013 mm/300 mm

重复定位精度：　　　　　　　　　　　　±0.005 mm

主轴电动机容量：　　　　　　　　　　　（三相）2.2 kW

6.2　数控铣床操作面板

6.2.1　数控铣床系统 CRT/MDI 操作面板

CRT/MDI 操作面板与系统有关，不同的数控系统其面板也不同，主要由系统制造厂家确定。图 6-2 所示为 FANUC 标准系统的 CRT/MDI 操作面板。该面板通过显示屏（即CRT）和键盘（即 MDI）进行人与数控系统间的对话，实现对数控系统的控制。在系统的 CRT/MDI 操作面板上，键盘上的键按其用途不同可分为主功能键、数据输入键、程序编辑键等，其功能键用途如下：

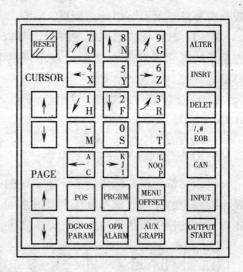

图 6-2　FANUC 数控铣床系统面板

1. CRT/MDI 面板主功能

【POS】：机床位置显示。在 CRT 上显示机床现在的位置。

【PRGRM】：程序。在编辑方式下，编辑和显示内存中的程序；在 MDI 方式下，输入和显示 MDI 数据。

【MENU OFFSET】：偏置量设定与显示。刀具偏置量数值和宏程序变量的设置与显示。

【DGNOS PARAM】：自诊断参数。运用参数的设置，显示及诊断数据的显示。

【OPR ALARM】：报警号显示，即按此键显示报警。

【AUX GRAPH】：图形显示，即图形轨迹的显示。

2. CRT/MDI 面板其他键的功能

【RESET】：复位键，主要用于解除报警。

【START】：启动键。用于 MDI 或自动方式运行时的循环启动运行，其使用方法因机床不同而不同。

【/，♯，EOB】：符号键。在编程时用于输入符号，特别用于每个程序段的结束符号，其中【EOB】键能将程序段自动换行。

【DELET】：删除键。在编程时用于删除已输入的字符。

【INPUT】：输入键。按地址键或数据键后，地址或数值输入缓冲器并显示在 CRT 上，再按【INPUT】键，则将缓冲器中的信息设置到偏置寄存器上。此键与软件键中的【INPUT】键等价。

【CAN】：取消键。消除"键输入缓冲器"中的文字或符号。例如，"键输入缓冲器"中刚刚输入的字符是"N0001"，若按【CAN】键，"N0001"就被消除。与删除键相比较，删除键删除光标对应的字符，取消键则删除光标前的字符。

【CURSOR】：光标移动键。有两种光标移动键：【↓】使光标顺方向移动，【↑】使光标反方向移动。

【PAGE】：翻页键。有两种翻页键：【↓】为顺方向翻页，【↑】为反方向翻页。程序较长时分屏显示，可按此键翻页。

【　】：软件键。软件键按照用途可以给出多种功能。软件键的功能与 CRT 画面最下方显示的提示是相互对应的，在不同的状态下有不同的功能。两头带三角符的键是翻屏键。

【OUTPUT START】：输出启动键。按此键，CNC 开始输出内存中的参数或程序到外部。

6.2.2　数控铣床操作面板

机床操作面板是机床制造厂家确定的，机床的类型不同，其开关的数量、功能及排列顺序有一定的差异。国产机床的操作按（旋）钮多用中文标示，进口机床多用英文标示，还有一些数控机床用标准图标标示。图 6-3 所示为 XK5025 型数控铣床的操作面板。

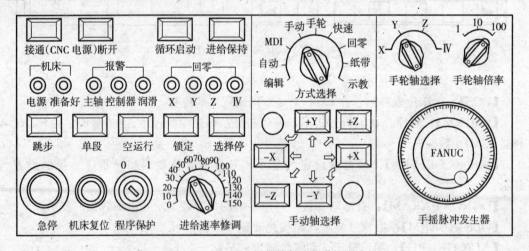

图 6-3　XK5025 型数控铣床操作面板

1. 面板上操作按/旋钮的功能

【接通】：按下此键，接通 CNC 的电源。

【断开】：按下此键，断开 CNC 的电源。

【循环启动】：按下此键，自动运转启动并执行程序。在自动运转中自动运转指示灯亮。

【进给保持】：自动运转时刀具减速并停止进给。再按【循环启动】键，机床继续进给。

【方式选择】：它是旋转式状态键，旋钮指示的位置不同，所出现的状态不同，需配合其他按/旋钮工作。图 6-3 中所示共有 9 个位置选择，从左到右依次为：

(1)【编辑】：处于此位置，可以进行数控程序的输入与编辑。

(2)【自动】：处于此位置，可以按【循环启动】键，完成程序的自动运行。

(3)【MDI】：处于此位置，MDI 手动数据输入，可操作系统面板并设置必要的参数。

(4)【手动】：处于此位置，可以进行手动连续进给或步进进给。

(5)【手轮】：处于此位置，可以通过操作手轮，在 X，Y，Z 三个方向进行精确的移动。对刀时常用此键。

(6)【快速】：处于此位置，刀具快速进给。

(7)【回零】：处于此位置，操作【＋Z】等相应键，可以使机床返回参考点。

(8)【纸带】：用纸带输入程序，现在一般不再使用此功能，新型机床已经取消。

(9)【示教】：示教编程方式，用于教学演示。

【跳步】：跳过任选程序段。

【单段】：按一次该键仅自动运行一个程序段（一行程序），多用于程序的调试。

【空运行】：指程序运行，但机床不动。

【锁定】：机床锁定，断开进给控制信号。多用于程序的调试或教学演示。

【选择停】：按下此键，则 M01 指令生效。多用于程序的调试及程序纠错。

【急停】：按下此键，使机床紧急停止，断开机床主电源。主要应付突发事件，防止撞车事故发生。解除需要旋转此按钮，系统需要重新复位，对于低档机床来说需要重新对刀。

【机床复位】：用于解除报警，CNC 复位。

【程序保护】：保护程序不被删改。

【进给速率修调】：选择自动运行和手动运行时进给速度的倍率。

【手动轴选择】：它是位置旋钮，将其旋置到要移动的轴所指示的位置上，然后操纵手轮。手动控制机床沿相应的坐标轴运动。

【手轮轴选择】：手轮转动时，只能控制此旋钮选定的单一坐标轴的移动。

【手轮轴倍率】：手轮进给中，选择手轮移动倍率。

【手摇脉冲发生器】：手摇脉冲发生器也叫手轮，可控制机床相应坐标轴的移动。

2. 手动操作

(1) 手动返回参考点。（单轴）选择【回零】方式，按【手动轴选择】选定一个坐标轴。一般为正向。

(2) 手动连续进给（手动方式）。由进给速度修调旋钮选择点动速度，需按下【手动轴选择】中的【＋X】、【－X】、【＋Y】、【－Y】、【＋Z】或【－Z】其中一个键。松开后停止进给。注意正、负方向，以免碰撞。

(3) 手轮方式。选择手摇脉冲发生器的手动进给轴 X，Y 或 Z，由手轮轴倍率旋钮调节脉冲当量，旋转手轮，可实现手轮连续进给移动。注意旋转方向，以免碰撞。

6.3　数控铣床操作

6.3.1　数控铣床操作方法与步骤

1. 电源的接通与断开

（1）电源接通

① 检查机床的初始状态，以及控制柜的前、后门是否关好。

② 接通机床的电源开关，此时面板上的"电源"指示灯亮。

③ 确定电源接通后，按下操作面板上的【机床复位】按钮，系统自检后 CRT 上出现位置显示画面，【准备好】指示灯亮。注意：在出现位置显示画面和报警画面之前，请不要接触 CRT/MDI 操作面板上的键，以防引起意外。

④ 确认风扇电动机转动正常后开机结束。

（2）电源关断

① 确认操作面板上的【循环启动】指示灯已经关闭。

② 确认机床的运动全部停止，按下操作面板上的【断开】按钮数秒，【准备好】指示灯灭，CNC 系统电源被切断。

③ 切断机床的电源开关。

2. 手动运转

（1）手动返回参考点

① 将方式选择开关置于【回零】的位置。

② 分别使各轴向参考点方向手动进给，返回参考点之后相应轴的指示灯亮。

（2）手动连续进给

① 将方式选择开关置于【手动】的位置。选择移动轴，机床在所选择的轴方向上移动。选择手动进给速度。

② 按【手动轴选择】按钮，刀具按选择的坐标轴方向快速进给。

注意：手动只能单轴运动。把方式选择开关置为【手动】位置后，先前选择的轴并不移动，需要重新选择移动轴。

（3）进给

转动手摇脉冲发生器，可使机床微量进给。其操作步骤如下：

使【方式选择】开关置于【手轮】位置；选择手摇脉冲发生器移动的轴；转动手摇脉冲发生器，实现手轮手动进给。

3. 程序编制

将【方式选择】旋钮置于【编程】位置。在系统操作面板上，按【PRGRM】键，CRT 出现编程界面，系统处于程序编辑状态，按程序编制格式进行程序的输入和修改，然后将程序保存在系统中。也可以通过系统软键的操作，对程序进行程序选择、程序拷贝、程序改名、程序删除、通信、取消等操作。

4. 工件安装

装夹毛坯时将毛坯放在机床工作范围的中部，以防机床超程。用台式虎钳夹持工件时，夹持方向应选择零件刚度最好的方向，以防弹性变形。空心薄壁零件宜用压板固定。毛坯装夹时要清洁铣床工作台、台虎钳钳口等，以防铁屑引起定位不准。要特别注意留出走刀空间，防止刀具与台虎钳、压板及压板的紧固螺栓相撞。

5. 对刀操作

刀具的安装是一项十分细致的工作，数控铣床带有装拆刀具的专门工具。换刀时要注意清洁，刀具的配合精度较高，稍有污物，刀具就会装不上。刀具的夹持要坚固可靠。必须选择与刀具相适应的标准刀柄夹头。

对刀有两种方法：一是用对刀镜、对刀器等专门的工具对刀；另一种是试切法。试切法是数控铣床上常用的对刀方法。将机床的显示状态调整为显示机床坐标系坐标，启动主轴，手动调整机床，用刀具在工件毛坯上切出细小的切痕来判断刀具的坐标位置，用 MDI 方式输入工件坐标系的原点坐标，在程序中可用 G54～G59 指令的方式进行坐标系调整，或者用 G92 指令和对刀点的坐标确定工件坐标系。

下面举例介绍运用 G92 指令的对刀方法。

例如，在 FANUC 系统 7140 型数控铣床上加工工件，编程时把工件坐标系原点设在工件上表面的对称中心上（如图 6-4 所示），运用试切法对刀。

其操作步骤如下：

（1）启动机床后，启动主轴，选择点动方式，用手动方式移动铣刀，使铣刀与工件毛坯左侧边缘轻接触，如图 6-5（a）所示。按软键选择 MDI 功能，再选择"MDI 运行"，然后输入指令 G92 X0，最后按【循环启动】键，此时可看到屏幕上的工件指令坐标 X 值变为 0。

（2）用手动方式移动铣刀，使铣刀与工件毛坯右侧边缘轻接触，如图 6-5（b）所示。将此时屏幕上工件坐标系中的 X 坐标值记为 U，然后在 MDI 方式下输入指令 G92（U/2），再按【循环启动】键。

（3）用手动方式移动铣刀，使铣刀与工件毛坯前面（靠近操作者的一边）轻轻接触，如图 6-5（c）所示。然后在 MDI 方式下输入指令 G92 Y0，并运行。

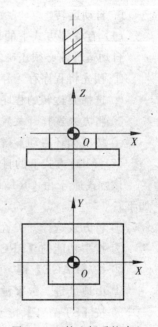

图 6-4　工件坐标系的建立

（4）用手动方式移动铣刀，将铣刀与工件后面（远离操作者的一边）轻轻接触，如图 6-5（d）所示。设此刻屏幕上的工件指令坐标 Y 值为 V，然后在 MDI 方式下输入指令 G92 Y（V/2），并运行。

（5）用手动方式移动铣刀，使铣刀与工件上表面轻轻接触（注意选择加工中将要切去部分的表面处），然后在 MDI 方式下输入指令 G92 Z0，并运行，最后将铣刀提起。

通过上述操作后，即将工件坐标系原点设定在工件上表面的中心处，此时将刀具停止在任一适当位置，程序调试好后，即可开始加工零件。但必须注意的是：用此种方法对刀后，程序中不能有 G92 建立工件坐标系的指令。

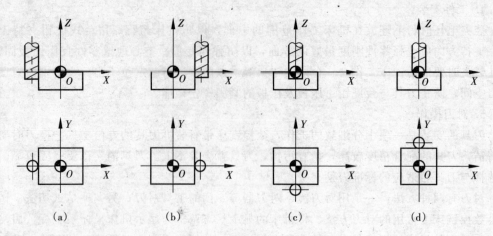

图 6-5　试切法对刀示意图

如果零件是半成品，不允许在表面上有刀具划痕，就必须应用塞尺，而且要记着把塞尺的厚度累加在相应的坐标值中，注意数值的正、负。

6. 自动运转

（1）存储器方式下的自动运转

自动运行前必须正确安装工件及相应刀具，并进行对刀操作。其操作步骤如下：

① 预先将程序存入存储器中。

② 选择要运转的程序。

③ 将方式选择开关置于【自动】位置。

④ 按【循环启动】键，开始自动运转，"循环启动指示灯"点亮。

（2）MDI 方式下的自动运转

该方式适于由 CRT/MDI 操作面板输入一个程序段，然后自动执行。其操作步骤如下：

① 将方式选择开关置于【MDI】位置。

② 按主功能的【PRGRM】键。

③ 按【PAGE】键，使画面的左上角显示 MDI，如图 6-6 所示。

④ 由地址键、数字键输入指令或数据，按【INPUT】键确认。

⑤ 按【START】键或操作面板上的【循环启动】键执行。

（3）自动运转的执行

开始自动运转后，按以下方式执行程序：

① 从被指定的程序中，读取一个程序段的指令。

② 解释已读取的程序段指令。

③ 开始执行指令。

④ 读取下一个程序段的指令。

⑤ 读取下一个程序段的指令，变为立刻执行的状态。该过程也称为缓冲。

⑥ 前一程序段执行结束，因被缓冲了，所以要立刻执行下一个程序段。

⑦ 重复执行④和⑤，直到自动执行结束。

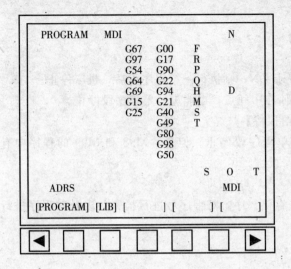
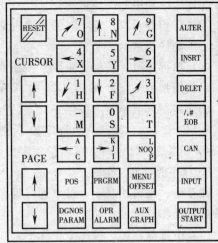

图 6-6   MDI 界面参数输入

（4）自动运转停止

使自动运转停止的方法有两种：预先在程序中想要停止的地方输入停止指令；按操作面板上的按钮使其停止。

① 程序停止（M00）。执行 M00 指令之后，自动运转停止。与单程序段停止相同，到此为止的模态信息全部被保存，按【循环启动】键，可使其再开始自动运转。

② 任选停止（M01）。与 M00 相同，执行含有 M01 指令的程序段之后，自动运转停止，但仅限于机床操作面板上的【选择停】开关接通时的状态。

③ 程序结束（M02，M30）。自动运转停止，呈复位状态。

④ 进给保持。在程序运转中，按机床操作面板上的【进给保持】按钮，可使自动运转暂时停止。

⑤ 复位。由 CRT/MDI 的复位按钮、外部复位信号可使自动运转停止，呈复位状态。若在移动中复位，机床减速后将停止。

7. 试运转

（1）全轴机床锁住。若按下机床操作面板上的【锁定】键，机床则停止移动，但位置坐标的显示和机床移动时一样。此外，M，S，T 功能也可以执行。此开关用于程序的检测。

（2）Z 轴指令取消。若接通 Z 轴指令取消开关，则手动、自动运转中的 Z 轴停止移动，位置显示却同其轴实际移动一样被更新。

（3）辅助功能锁住。机床操作面板上的辅助功能【锁定】开关一接通，M，S，T 代码的指令就会被锁住不能执行，M00，M01，M02，M30，M98，M99 可以正常执行。辅助功能锁住与机床锁住一样用于程序检测。

（4）进给速度倍率。用进给速度倍率开关选择程序指定的进给速度百分数，以改变进给速度（倍率），按照刻度可实现 0% ～150% 的倍率修调。

（5）快速进给倍率。可以将以下的快速进给速度变为 100%，50%，25% 或 F0（由机床决定）。

① 由 G00 指令的快速进给。

②固定循环中的快速进给。

③执行指令 G27，G28 时的快速进给。

④手动快速进给。

（6）单程序段。若将【单段】按钮置于 ON，则执行一个程序段后，机床停止。

①使用指令 G28，G29，G30 时，即使在中间点，也能进行单程序段停止。

②固定循环的单程序段停止时，【进给保持】灯亮。

③M98P××；M99；的程序段不能单程序段停止。但是，M98 和 M99 的程序中有 O，N，P 以外的地址时，可以单程序段停止。

8. 程序的存储、编辑

在存储、编辑状态下，可以通过键盘存储程序，对程序号进行检索，以及对程序进行各种编辑操作。

（1）由键盘存储，操作步骤如下：

①选择【编辑】方式。

②按【PRGRM】键。

③键入地址 "O" 及要存储的程序号（一般为四位数字，西门子系统程序文件标示可以包含字符）。

④按【INSRT】键，可以存储程序号，然后在每个字的后面键入程序，用【INSRT】存储。

（2）程序号检索操作步骤如下：

①选择方式（【编辑】或【自动】）。

②按【PRGRM】键，键入地址 O 和要检索的程序号。

③按【CURSOR】键，检索结束时，在 CRT 画面的右上方显示已检索的程序号。

（3）删除程序操作步骤如下：

①选择【编辑】方式。

②按【PRGRM】键，键入地址 O 和要删除的程序号。

③按【DELET】键，可以删除程序号所制定的程序。

（4）字的插入、变更、删除操作步骤如下：

①选择【编辑】方式。

②按【PRGRM】键，选择要编辑的程序。

③检索要变更的字。

④进行字的插入、变更、删除等编辑操作。

9. 数据的显示与设定

（1）偏置量设置操作步骤如下：

①按【MENU OFFSET】主功能键。

②按【PAGE】键，显示所需要的页面，如图 6-7 所示。

③使光标移向需要变更的偏置量位置。

④由数据输入键输入补偿量。

⑤按【INPUT】键，确认并显示补偿。

（2）参数设置。由 CRT/MDI 设置参数的操作步骤如下：

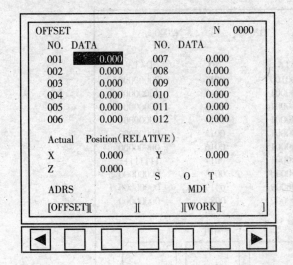
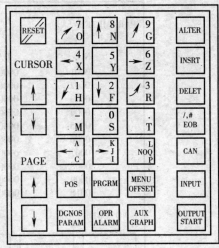

图 6-7　刀具偏值量设置

① 按【PARAM】键和【PAGE】键显示设置参数画面（也可以通过软件键【参数】显示），参数设置界面如图 6-8 所示，参数表界面如图 6-9 所示。

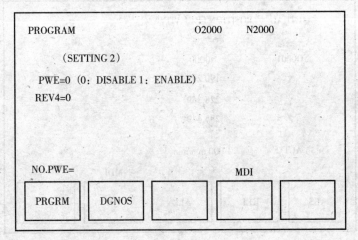

图 6-8　参数设置界面

② 选择 MDI 方式，移动光标键至要变更的参数位置。

③ 由数据输入键输入参数值，按【INPUT】键，确认并显示参数值。

④ 所有参数的设置及确认结束后，变为设置画面，使 PWE 设置为零。

10. 图形显示

（1）程序存储器使用量的显示。操作步骤如下：

① 选择编辑方式。

② 按【PRGRM】键，键入地址 P。

③ 按【INPUT】键和【PRGRM】键，显示程序存储器使用量的信息。

（2）现在位置的显示。按【POS】键和【PAGE】键，可显示工件坐标系的位置（软件键【ABS】）、相对坐标系的位置（软件键【REL】）及实际速度显示等三种状态，如图 6-10 所示。

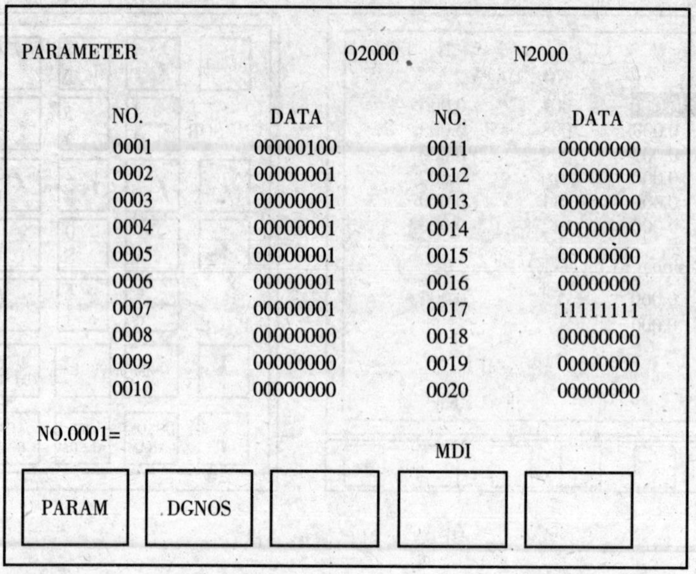

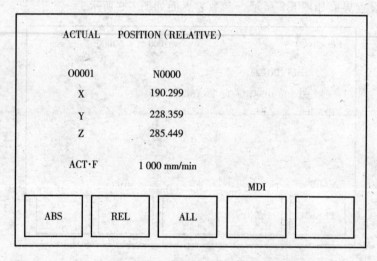

图 6-9　参数表界面

图 6-10　当前坐标位置显示界面

11. 机床的急停

（1）使用【急停】按钮。如果在机床运行时按下【急停】按钮，机床进给运动和主轴运动会立即停止工作。待排除故障，重新执行程序恢复机床的工作时，顺时针旋转该按钮，按下机床复位按钮复位后，进行手动返回机床参考点的操作。

（2）使用【进给保持】按钮。如果在机床运行时按下【进给保持】按钮，则机床处于保持状态。待急停解除之后，按下【循环启动】按钮恢复机床运行状态，无需进行返回参考点的操作。

12.【超程】报警的解除

刀具超越了机床限位开关规定的行程范围时，显示报警，刀具减速停止。此时，手动将刀具移向安全的方向，然后按【复位】按钮即可解除报警。

6.3.2　简单零件加工举例

例 6-1　凸轮零件如图 6-11 所示，毛坯为 $\phi110$ mm 的 45 钢，厚度为 6 mm，编写其加工程序。

（1）图样分析。该凸轮由一段 $R50$ mm 的圆弧（FGE）、两段 $R20$ mm 的圆弧（AF 和 DE）、一段 $R30$ mm 的圆弧（BC）和两段直线（AB 和 CD）构成凸轮的轮廓，凸轮厚 6 mm，材料为 45 钢。图中未注明公差和表面粗糙度，故暂不考虑尺寸精度和表面质量问题。零件毛坯是一个圆形毛坯，在普通车床已粗车外圆直径 $\phi110$ mm，厚度为 6 mm，中心的孔已加工出 $\phi20$ mm。凸轮的加工数量为一件。

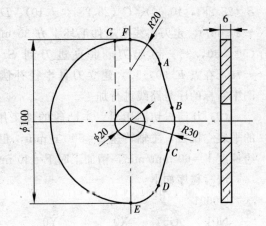

图 6-11　凸轮零件图

（2）选择加工机床。单件的凸轮加工，用立式数控铣床较为合适，可选用 FANUC 系统 7140 立式铣床。

（3）加工工序的划分。该凸轮的材料为 45 钢，毛坯直径为 $\phi110$ mm，材料的切削量不大，铣刀沿凸轮的轮廓铣削一圈即可完成加工。加工时分为两道工序：第一道工序是粗铣凸轮轮廓；第二道工序是精铣，精铣时凸轮的径向切削余量为 0.5 mm。编程时只用一个程序，在粗加工时，设刀具的半径比实际半径值大 0.5 mm，精加工时为实际值。

（4）零件的装夹方式与夹具。因为仅加工凸轮的外轮廓，而凸轮的设计基准是中心孔的轴线，定位基准选取 $\phi20$ mm 的中心，定位表面为内孔圆柱表面，用台虎钳和压板都不合适，故应设计一个简单专用夹具。如图 6-12 所示，用一个定位芯轴对工件进行定位，用大螺母压紧工件，工件毛坯下有一垫铁将工件托起 10 mm，以防工作台受损，夹具底板放在铣床的工作台上，用压板固定。

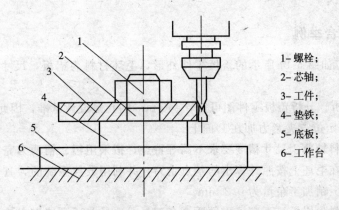

1- 螺栓；
2- 芯轴；
3- 工件；
4- 垫铁；
5- 底板；
6- 工作台

图 6-12　凸轮零件加工夹具及零件安装

（5）编程坐标系、坐标与走刀路线。为计算方便，工件坐标系零点设在凸轮毛坯轴心线与工件上表面交点处，如图 6-13 所示。

各点坐标计算为：A（18.856，36.667）、B（28.284，10.00）、C（28.284，－10）、D（18.856，－36.667）。走刀路线从工件毛坯上方 35 mm 处的 S'（50，80，35）点起刀，垂直进刀到 S（58，80，－7），在点 F（0，50）建立刀具半径补偿，随后沿图中所标的序号路线进行加工。

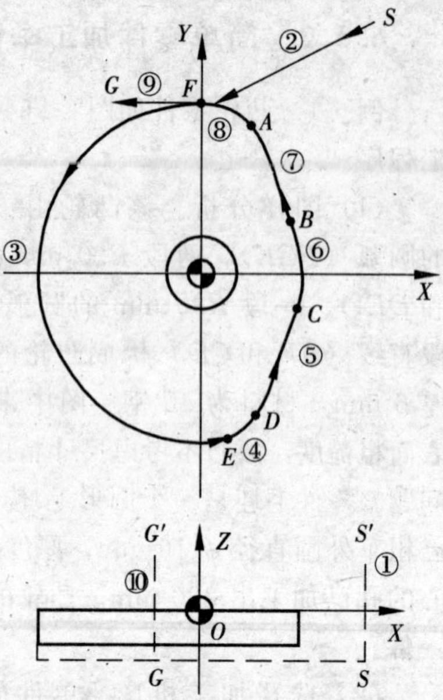

（6）刀具与切削用量。本凸轮的加工用 ϕ12 mm 的平底立铣刀，主轴转速 S＝600 r/min，粗加工时进给速度 F＝60 mm/min，精加工时 F＝30 mm/min。

图 6-13　工件坐标系及走刀路线

编写程序如下：

```
O0601
N01    G54    X0        Y0            Z35；
N02    G90    G00       X50           Y80；
N03    G01    Z－7.0     M03           F200   S600；
N04    G01    G42       X0            Y50      D01    F60；
N05    G03    Y－50      J－50；
N06    G03    X18.856   Y－36.667     R20.0；
N07    G01    28.284    Y－10.0；
N08    G03    X28.284   Y10.0         R30.0；
N09    G01    X18.856   Y36.667；
N10    G03    X0        Y50           R20；
N11    G01    X－10；
N12           Z35.0     F200；
N13    G00    G40       X0            Y0       M05；
N14    M30；
```

6.3.3　综合举例

例 6-2　加工如图 6-14 所示的盖板零件外形，毛坯材料为铝板，尺寸如图 6-15 所示，编写加工程序。

（1）工艺分析。分析盖板零件图可知，ϕ40 mm 的孔是设计基准，因此考虑以 ϕ40 mm 的孔和 Q 面找正定位，夹紧力加在 P 面上。

根据毛坯板料较薄、尺寸精度要求不高等特点，拟采用粗、精两刀完成零件的轮廓加工。粗加工直接在毛坯上按照计算出的基点走刀，并利用数控系统的刀具半径补偿功能将精加工余量留出。精加工余量为 0.2 mm。

由于毛坯材料为铝板，不宜采用硬质合金刀具，选择普通高速钢立铣刀进行加工。为了避免停车换刀，考虑粗、精加工均采用同一把刀具。

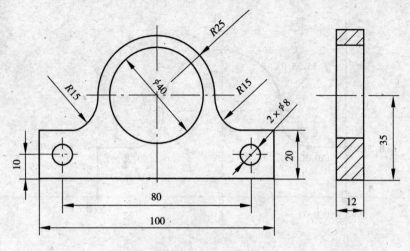

图 6-14　盖板零件

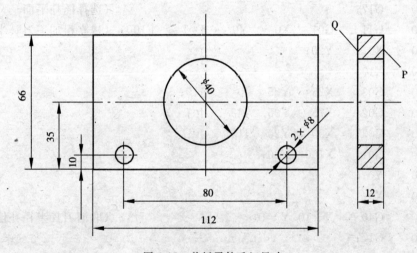

图 6-15　盖板零件毛坯尺寸

（2）基点坐标计算。如图 6-16 所示，工件轮廓线由 3 段圆弧和 5 段直线连接而成。由图 6-15 可见，基点坐标计算比较简单。选择 A 点为原点建立工件坐标系，并在此坐标系内计算各转折点的坐标值。

（3）数控程序编写及说明。为了得到比较光滑的零件轮廓，同时使编程简单，考虑粗加工和精加工均采用顺铣方法，走刀路线按 A→H→G→F→E→D→C→B→A 顺序连续切削。

```
O0602
N0010    G92    X0    Z0    Y0;                    （建立工件坐标系）
N0020    G00    Z10;
N0030    S1000    M03;
N0040    G00    X−10  Y−10;
N0045    Z−12;
```

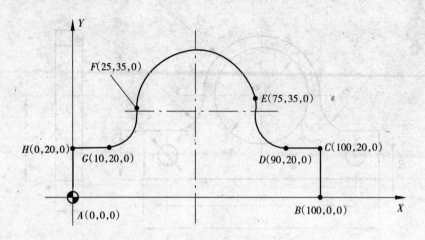

图 6-16   转折点计算

N0050	G17;					（选择插补平面）
N0060	G41	G01	X0	Y0	D01 F100;	（建立粗加工刀具半径补偿）
N0070	X0	Y20;				
N0080	X10;					
N0090	G03	X25	Y35	I0	J15;	
N0100	G02	X75	Y35	I25	J0;	
N0110	G03	X90	Y20	I15	J0;	
N0120	G01	X100	Y20;			
N0130	Y0;					
N0140	X0;					
N0150	G40	X−10 Y−10;				（取消刀具半径补偿）
N0160	G17;					
N0170	G41	X0	Y0	D02	F100;	（建立精加工刀具半径补偿）
N0180	G01	X0	Y20;			
N0190	X10;					
N0200	G03	X25	Y35	I0	J15;	
N0210	G02	X75	Y35	I25	J0;	
N0220	G03	X90	Y20	I15	J0;	
N0230	G01	X100	Y20;			
N0240	Y0;					
N0250	X0;					
N0260	G40	X−10 Y−10;				（取消半径补偿）
N0270	G00	Z10;				（抬刀）
N0280	M05;					
N0290	M30;					（程序结束）

[思考与练习]

6-1 数控铣床的主要功能是什么?

6-2 数控铣床的加工工艺范围有哪些?

6-3 数控铣床电器控制面板上有哪些按/旋钮,各起什么作用?

6-4 数控铣床系统控制面板上有哪些按/旋钮,各起什么作用?

6-5 数控铣床系统的回参考点操作有何重要意义?

6-6 数控铣床机床坐标系和工件坐标系之间有哪些区别与联系?

6-7 数控铣床如何进行对刀操作?

6-8 自动运行前必须做好哪些准备工作?

第 7 章　数控加工中心程序的编制

7.1　加工中心概述

加工中心（Machining Center，简称 MC），是指配备有刀库和自动更换刀具装置，在一次装夹工件后可实现多工序（甚至全部工序）加工的数字控制机床。目前主要有镗铣类加工中心（简称加工中心）和车削加工中心（简称车削中心）两大类（本书介绍的加工中心是指镗铣类加工中心）。

镗铣类加工中心是在数控镗床或数控铣床的基础上发展而来的。它把镗削、铣削、钻削、攻螺纹、切槽等多种功能集中于一台设备，工序高度集中。加工中心为了加工出所需零件形状，至少要有三个坐标运动。即由三个直线运动坐标 X，Y，Z 和三个旋转坐标 A，B，C 适当组合而成，多者可达十几个运动坐标。加工中心与普通数控机床相比结构较复杂，控制系统功能较多。其控制功能最少可实现 3 轴联动控制，实现刀具运动直线插补和圆弧插补，多的可实现 5 轴联动、6 轴联动以及螺旋线插补。加工中心还具有不同的辅助功能，如各种加工固定循环、自动对刀、刀具半径及长度补偿、刀具破损检测报警、刀具寿命管理，过载与超行程自动保护、丝杠螺距误差补偿、丝杠间隙补偿、故障自动诊断、工件与加工过程图形显示等，它们在提高机床的加工效率，保证产品的加工精度和质量等方面都是普通加工设备无法相比的。因此，加工中心是判断企业技术能力和工艺水平高低的一个标志。

7.1.1　加工中心的功能及分类

1. 按照加工中心的外观及功能分类

（1）立式加工中心

立式加工中心的主轴处于垂直位置，如图 7-1 所示。其结构形式多为固定立柱式，工作台为长方形，无分度回转功能，主要适合于加工盘、套、板类零件。一般具有三个直线运动坐标，并可在工作台上安装一个水平轴的数控回转台，用以加工螺旋线零件。

立式加工中心装夹工件方便，便于操作，易于观察加工情况，程序调试容易，占地面积小，但加工时切屑不易排除，且受立柱高度和换刀装置的限制，不能加工太高的零件，也不适宜加工箱体类零件。

（2）卧式加工中心

卧式加工中心的主轴是水平设置的，如图 7-2 所示。卧式加工中心的工作台大多为分度转台或数控转台。卧式加工中心一般都具有 3～5 个运动坐标，常见的有三个直线运动坐标（沿 X 轴，Y 轴，Z 轴方向）加一个回转坐标（工作台），它能够使工件在一次装夹后完成除安装面和顶面以外的其余四个面的加工。适宜复杂的箱体类、泵体、阀体等零件的加工。也可作多个坐标的联合运动，以便加工复杂的空间曲面。

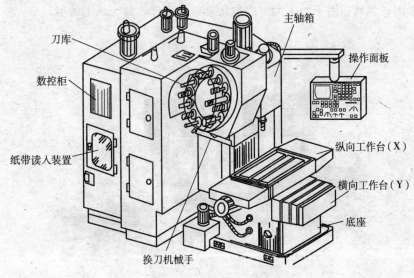

图 7-1　立式加工中心

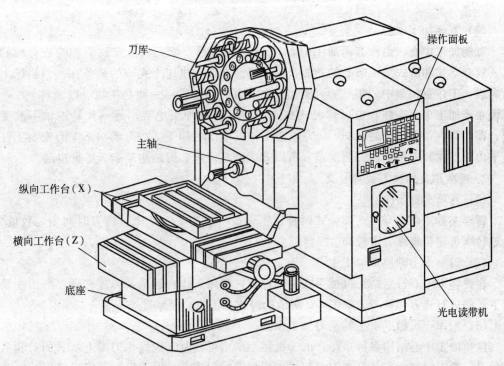

图 7-2　卧式加工中心

卧式加工中心调试程序及试切时不便观察，加工时不便监视，零件装夹和测量不方便，但加工时排屑容易，对加工有利。

与立式加工中心相比，卧式加工中心的结构复杂，占地面积大，价格也较高。

（3）龙门式加工中心

龙门式加工中心的形状与龙门铣床相似（如图 7-3 所示），主轴多为垂直设置（也有水平设置），除自动换刀装置外，还带有可更换的主轴附件，数控装置的功能也较齐全，能够一机多用，尤其适用于加工大型或形状复杂的零件，如飞机上的梁、框、壁板等。

图 7-3　龙门式加工中心

（4）万能加工中心

万能加工中心（也称五面加工中心），工件装夹后，能完成除安装面外的所有面的加工，具有立式和卧式加工中心的功能，使原来要在两台机床上完成的任务在一台机床上即可完成，工序更加集中。常见的万能加工中心有两种形式：一种是主轴可以旋转 90°，既可像立式加工中心一样，也可像卧式加工中心一样的加工中心；另一种是主轴不改变方向，而工作台带着工件旋转 90°，完成对工件五个面的加工。在万能加工中心安装工件避免了由于二次装夹带来的安装误差，所以效率和精度高，但结构复杂、造价也高。

2. 按所用自动换刀装置分类

（1）转塔头加工中心

转塔头加工中心有立式和卧式两种。主轴数一般为 6～12 个，换刀时间短，数量少，主轴转塔头定位精度要求较高。

（2）刀库＋主轴换刀加工中心

这种加工中心特点是无机械手式主轴换刀，利用工作台运动及刀库转动，并由主轴箱上下运动进行选刀和换刀。如图 7-2 所示的卧式加工中心便属此类。

（3）刀库＋机械手＋主轴换刀加工中心

这种加工中心结构多种多样，由于机械手卡爪可同时分别抓住刀库上所选的刀和主轴上的刀，换刀时间短。并且选刀时间与切削加工时间重合，因此得到了广泛应用。如图 7-1 所示的立式加工中心多用此类机械手式换刀装置。

7.1.2　加工中心的加工对象

加工中心作为一种高效多功能自动化机床，在现代化生产中扮演着重要角色。在加工中心上，零件的制造工艺与传统工艺以及普通数控机床加工工艺有很大不同，随着加工中心自动化程度的不断提高和工具系统的发展，其工艺范围也不断扩展。现代加工中心更大程度地使工件一次装夹后，实现多表面、多特征、多工位的连续、高效、高精度加工，工序高度集中，但一台加工中心只有在合适的条件下才能发挥出最佳效益。

1. 按工艺特点分类（适合于加工中心加工的零件）

（1）周期性重复投产的零件

有些产品的市场需求具有周期性和季节性，如果采用专门生产线则得不偿失，用普通设备加工效率又太低，质量不稳定，数量也难以保证。而采用加工中心首件试切完后，程序和相关生产信息可保留下来，下次产品再生产时只需要很少的准备时间就可开始生产。

（2）高效、高精度工件

有些零件需求甚少，但属关键部件，要求精度高且工期短，用传统工艺需用多台机床协调工作，周期长、效率低，在长工序流程中，受人为影响易出废品，从而造成重大经济损失。而采用加工中心进行加工，生产完全由程序自动控制，避免了长工艺流程，减少了硬件投资和人为干扰，具有生产效益高及质量稳定的优点。

（3）适合具有合适批量的工件

加工中心生产的柔性不仅体现在对特殊要求的快速反应上，而且可以快速实现批量生产，拥有并提高市场竞争能力。加工中心适合于中小批量生产，特别是小批量生产，在应用加工中心时，尽量使批量大于经济批量，以达到良好的经济效果。随着加工中心及辅具的不断发展，经济批量越来越小，对一些复杂零件，5～10 件就可牛产，甚至单件生产时也可考虑用加工中心。

（4）适合于加工形状复杂的零件

随着 4 轴联动、5 轴联动加工中心的应用以及 CAD/CAM 技术的成熟发展，使加工零件的复杂程度大幅提高。DNC 的使用使同一程序的加工内容足以满足各种加工要求，使复杂零件的自动加工变得非常容易。

（5）其他工件

加工中心还适合于加工多工位和工序集中的工件、难测量工件。另外，装夹困难或完全由找正定位来保证加工精度的工件不适合在加工中心上生产。

2. 按零件形状特点分类（适合于加工中心加工的零件）

（1）形状复杂的零件

加工中心适宜加工形状复杂、工序多、精度要求高、需要多种类型的普通机床和众多刀具、夹具并经过多次装夹和调整才能完成加工的零件，如凸轮和模具等具有复杂三维曲面零件的加工（如图 7-4 所示）。

在航天航空及运输业中，具有复杂曲面的零件应用很广，如航空发动机的整体叶轮和螺旋桨等。这类复杂曲面采用普通机床加工或精密铸造是无法达到预定的加工精度的，而使用多轴联动的加工中心，配合自动编程技术和专用刀具，可大大提高其生产效率并保证曲面的形状精度。复杂曲面加工时，程序编制的工作量很大，一般需要专业软件架构曲面模型或实体模型，再由制造软件生成数控机床的加工程序。

（2）箱体类零件（如图 7-5 所示）

箱体类零件是指具有一个以上的孔系，并有较多型腔的零件。这类零件在机械、汽车、飞机等领域的产品中应用较多，如汽车的发动机缸体、变速箱体机床的床头箱，主轴箱、柴油机缸体、齿轮泵壳体等。

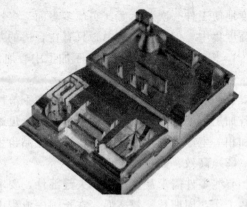

图 7-4　复杂曲面

　　箱体类零件在加工中心上加工，一次装夹可以完成普通机床 60%～95% 的工序内容，零件各项精度一致性好，质量稳定，同时可缩短生产周期，降低成本。对于加工的工位较多，工作台需多次旋转角度才能完成的零件，一般选用卧式加工中心；当加工的工位较少，且跨距不大时，可选立式加工中心，从一端进行加工。

　　(3) 异型件（如图 7-6 所示）

　　异型件是外形不规则的零件，大多需要点、线、面多工位混合加工，如支

图 7-5　箱体零件

架、基座、样板、靠模等。异型件的刚性一般较差，加压及切削变形难以控制，加工精度也难以保证，这时可充分发挥加工中心工序集中的特点，采用合理的工艺措施，一次或两次装夹，完成多道工序或全部的加工内容。

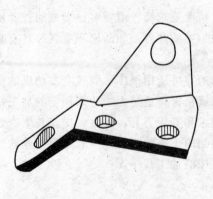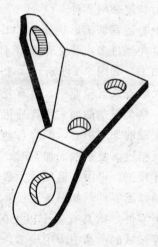

图 7-6　异型件

（4）板类零件（如图 7-7 所示）

带有键槽、型腔或表面有分布孔系及曲面的板类，适宜采用加工中心加工。端面有分布孔系及曲面的零件适宜采用加工中心加工，侧面有孔或曲面的零件宜选用卧式加工中心。

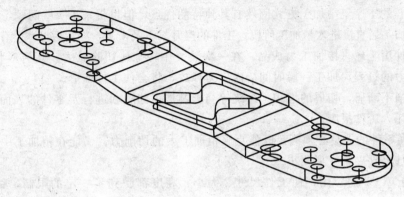

图 7-7　板类零件

（5）雕刻图案类零件（如图 7-8 所示）

利用 MASTER.CAM，ART.CAM 等软件，配合一定的工装和专用工具，利用加工中心完成刻字、刻图案、刻线的一系列加工。

7.1.3　加工中心的编程特点

图 7-8　雕刻图案类零件

根据加工中心的功能及工艺特点，在数控加工程序编制中，从加工工序的确定、刀具的选择、加工路线的安排，到数控加工程序的编制，都比其他数控机床要复杂一些。加工中心编程具有以下特点：

1. 进行合理的工艺分析

进行仔细的工艺分析，选择合理的走刀路线，减少空走刀行程，周密地安排各工序加工的顺序，有利于提高加工精度和生产率。

2. 根据加工批量的情况，决定采用自动换刀或手动换刀

一般情况下，当加工批量在 10 件以上而刀具更换又比较频繁时，宜采用自动换刀；当加工批量很小而使用刀具种类又不多时，把自动换刀安排在程序中，反而会增加机床的调整时间。自动换刀要留出足够的换刀空间。因为有些刀具直径较大或尺寸较长，换刀时要避免发生碰撞，换刀位置宜设在原点。

3. 尽量采用刀具机外预调

为了提高机床利用率，尽量采用刀具机外预调，并将测量尺寸填写在刀具卡片中，以便于操作者在运行操作前及时修改刀具补偿参数。

4. 尽量采用模块化编程

在具体程序编制中，尽量把不同工艺内容的程序分别安排到不同的子程序中，主程序主要完成换刀和子程序调用。这种安排便于每一工步独立的调试程序，也便于因加工顺序不合理而重新做出调整。

5. 加工前必须进行试运行

对编好的程序必须进行校验，安排试运行。注意刀具、夹具或工件之间是否有干涉。在检查 M，S，T 功能时，可以在 Z 轴锁定状态下进行。

6. 工序集中带来的问题

加工中心的工序集中加工方式固然有其独特的优点，但也带来了一些问题，如：

(1) 粗加工后直接进入精加工阶段，工件的温升来不及恢复，冷却后尺寸会有所变动。

(2) 工件由毛坯直接加工为成品，在一次装夹中，金属切除量大，几何形状变化大，没有释放应力的过程，加工一段时间后内应力释放，将会使工件变形。

(3) 切削不断屑，切屑的堆积、缠绕等会影响加工的顺利进行及零件的表面质量，甚至使刀具损坏，工件报废。

(4) 装夹零件的夹具必须满足既能克服粗加工大的切削力，又能在精加工中准确定位的要求，而且零件夹紧变形要小。

(5) 由于 ATC 的应用，使工件尺寸、大小、高度都受到了一定的限制，钻孔深度、刀具长度、刀具直径、重量等也要予以考虑。

7.2　加工中心程序编制基础

7.2.1　加工中心坐标系统

加工中心坐标系统包括机床坐标系和工件坐标系，不同的加工中心其坐标系统略有不同。如前所述，机床坐标系各坐标轴的关系符合右手笛卡儿坐标系准则。

1. 机床坐标系

机床坐标系是用来确定工件坐标系的基本坐标系；是机床本身所固有的坐标系；由机床生产厂家设计时自定的，其位置由机械挡块决定，不能随意改变。该坐标系的位置必须在开机后，通过手动回参考点的操作建立。机床在手动返回参考点时，其操作是按各轴分别进行的，各轴沿正向返回极限位置。当某一坐标轴返回参考点后，该轴的参考点指示灯亮，同时该轴的坐标值也被清零。

2. 工件坐标系

工件坐标系是编程人员在编写程序时，在工件上建立的坐标系。工件坐标系的原点位置为工件零点。理论上工件零点设置是任意的，但实际上，它是编程人员根据零件特点为了编程方便以及尺寸的直观性而设定的。选择工件坐标系时应注意：

(1) 工件零点应选在零件的尺寸基准上，这样便于坐标值的计算，并减少错误；

(2) 工件零点尽量选在精度较高的工件表面，以提高被加工零件的加工精度；

(3) 对于对称零件，工件零点应设在对称中心上；

(4) 对于一般零件，工件零点应设在工件轮廓某一角上；

(5) 轴方向上零点一般设在工件表面；

(6) 对于卧式加工中心最好把工件零点设在回转中心上，即设置在工作台回转中心与

Z 轴连线适当位置上；

（7）编程时，应将刀具起点和程序原点设在同一处，这样可以简化程序，便于计算。

7.2.2 加工中心数控编程代码

1. 准备功能 G 代码

以 FANUC 0i 数控系统为例介绍加工中心的编程指令，FANUC 0i 数控系统准备功能 G 代码如表 7-1 所示。

表 7-1   FANUC 0i 数控系统准备功能 G 代码

G 代码（1）	模态（2）	功能（3）	G 代码（1）	模态（2）	功能（3）
G00	01	点定位	G50.1	22	可编程镜像取消
G01	01	直线插补	G51.1	22	可编程镜像有效
G02	01	顺圆弧插补/螺旋线插补 CW	G52	00	局部坐标系设定
G03	01	逆圆弧插补/螺旋线插补 CCW	G53	00	选择机床坐标系
G04	00	暂停、准确停止	G54	14	选择工件坐标系 1
G05.1	00	预读控制（超前读多个程序段）	G54.1	14	选择附加工件坐标系
G07	00	圆柱插补	G55	14	选择工件坐标系 2
G08	00	预读控制	G57	14	选择工件坐标系 4
G09	00	准确停止	G58	14	选择工件坐标系 5
G10	00	可编程数据输入	G59	14	选择工件坐标系 6
G11	00	可编程数据输入方式取消	G60	00/01	单方向定位
G15	17	极坐标指令消除	G61	15	准确停止方式
G16	17	极坐标指令	G62	15	自动拐角倍率
G17	02	选择 XY 平面	G63	15	攻丝方式
G18	02	选择 XZ 平面	G64	15	切削方式
G19	02	选择 YZ 平面	G65	00	宏程序调用
G20	06	英寸输入（1 in＝25.4 mm）	G66	12	宏程序模态调用
G21	06	毫米输入	G67	12	宏程序模态调用取消
G22	04	存储行程检测功能接通	G68	16	坐标旋转有效
G23	04	存储行程检测功能断开	G69	16	坐标旋转取消
G27	00	返回参考点检测	G73	09	深孔钻循环
G28	00	返回参考点	G74	09	左旋攻丝循环
G29	00	从参考点返回	G76	09	精镗循环
G30	00	返回第 2，3，4 参考点	G80	09	固定循环取消/外部操作功能取消
G31	00	跳转功能	G81	09	钻孔循环，锪镗循环或外部操作功能
G33	01	螺纹切削	G82	09	钻孔循环或反镗循环
G37	00	自动刀具长度测量	G83	09	深孔钻循环
G39	00	拐角偏置圆弧插补	G84	09	攻丝循环

续表

G 代码（1）	模态（2）	功能（3）	G 代码（1）	模态（2）	功能（3）
G40	07	刀具半径补偿取消	G85	09	镗孔循环
G41	07	刀具半径补偿，左侧	G86	09	镗孔循环
G42	07	刀具半径补偿，右侧	G87	09	背镗循环
G40.1	18	法线方向控制取消方式	G88	09	镗孔循环
G41.1	18	法线方向控制左侧接通	G89	09	镗孔循环
G42.1	18	法线方向控制右侧接通	G90	03	绝对值编程
G43	08	正向刀具长度补偿	G91	03	增量值编程
G44	08	负向刀具长度补偿	G92	00	设定工件坐标系或最大主轴速度控制
G45	00	刀具位置偏置加	G92.1	00	工件坐标系预置
G46	00	刀具位置偏置减	G94	05	每分钟进给
G47	00	刀具位置偏置加 2 倍	G95	05	主轴每转进给
G48	00	刀具位置偏置减 2 倍	G96	13	恒周速控制（切削速度）
G49	08	刀具长度补偿取消	G97	13	恒周速控制取消
G50	11	比例缩放取消	G98	10	固定循环返回到初始点
G51	11	比例缩放有效	G99	10	固定循环返回到 R 点
G56	14	选择工件坐标系 3			

2. 辅助功能

　　加工中心用 S 代码对主轴转速进行编程，用 T 代码进行选刀编程，其他可编程辅助功能由 M 代码来实现，见表 7-2。

表 7-2　　　　　　　　　　　　　M 功能代码

指　令	功　能	指　令	功　能
M00	程序停止	M11	松开第 4 轴
M01	计划程序停止	M12	夹紧第 5 轴
M02	程序结束	M13	松开第 5 轴
M03	主轴顺时针旋转	M16	换刀与 M06 相同
M04	主轴逆时针旋转	M19	主轴定向停止
M05	主轴停止	M21～M28	用户自定义 M 功能
M06	换刀	M30	程序结束并返回
M08	冷却液开	M31	正方向启动排削器
M09	冷却液关	M32	反方向启动排削器
M10	夹紧第 4 轴	M33	排削器停止

7.3　加工中心 G 指令及其编程方法

　　加工中心配备的数控系统，其功能指令都比较齐全。数控铣床编程介绍的基本 G 功能指令基本上都使用于加工中心，因此对这些指令就不再重复说明。在此主要介绍一些前面没有进行说明的程序指令，通过这些指令的学习，可以比较全面地了解一些指令，以增强使用各种数控机床的适应能力。

7.3.1　自动返回参考点（G27，G28，G29，G30）

1. 返回参考点校验指令 G27

程序格式：

G27　X __ Y __ Z __；

说明：执行 G27 指令时，刀具以快速进给速度移动到程序指令的 X，Y，Z 坐标位置，X，Y，Z 代表参考点在工件坐标系中的坐标值。如果刀具所到达位置是机床原点（参考点）上，则返回参考点相应轴的指示灯变亮，如果指示灯不亮，则说明所给指令值有错误或机床定位误差过大。使用该指令应注意以下几点：

（1）在刀具补偿值中使用该指令，刀具到达的位置将是加上补偿量的位置。此时刀具将不能到达参考点，因而参考点指示灯也不亮。因此执行该指令前，应取消刀补；

（2）若希望执行该程序段后让程序停止，应在该程序段后加上 M00 或 M01 指令，否则程序将不停止而继续执行后面的程序段；

（3）假如不要求每次执行程序时都执行返回参考点的操作，应在该指令前加上"/"，以便在不需要时跳过该程序段。

2. 自动返回参考点指令 G28

程序格式：

G28　X __ Y __ Z __；

说明：执行 G28 指令，可以使刀具以点位方式经中间点快速返回到参考点，用绝对坐标 G90 编程方式，指令中 X，Y，Z 表示中间点在当前坐标系中的坐标值。用增量坐标 G91 编程方式，指令中 X，Y，Z 是指中间点相对于刀具当前点的增量值。

设置中间点，是为防止刀具返回参考点时与工件或夹具发生干涉。使用这条指令时，应注意以下问题：

（1）通常 G28 指令用于自动换刀 ATC，原则上应在执行该指令前，取消刀具长度补偿和半径补偿；

（2）在 G28 程序段中不仅记忆移动指令值，而且记忆了中间点坐标值。也就是对于在使用 G28 的程序段中没有被指定的轴，以前 G28 中的坐标值就作为那个轴的中间点坐标值。

例如：

N01	G90	G00	X100	Y100	Z100；
N02	G28	X200	Y300；		（中间点是 200，300）
N03	G28	Z150；			（中间点是 200，300，150）

3. 自动从参考点返回 G29

程序格式：

G29　X __ Y __ Z __；

说明：执行 G29 指令，可以使刀具从参考点出发，经过 G28 指令的中间点到达由这个指令后面 X，Y，Z 坐标值所指定的位置。因此，这条指令需和 G28 指令成对使用，但在使用 G28 之后，这条指令不是必需的，使用 G00 定位有时会更方便。

指令中 X，Y，Z 是到达目标点的坐标值。是绝对值还是增量值，由 G90/G91 状态决定。若为增量值时，则是指到达目标点相对于前一段 G28 指令内的中间点的增量值。

G28 和 G29 指令通常用于换刀前后。在换刀程序前先执行 G28 指令返回参考点（换刀点）执行换刀程序后，再用 G29 指令往新的目标点移动。

G28 和 G29 应用举例（如图 7-9）所示：

G91　　G28　　X1000　　Y200；　　　　　（由 A 经 B 返回参考点）

　　　　M06；　　　　　　　　　　　　　　（换刀）

G29　　X500　　Y−400；　　　　　　　　（从参考点经 B 返回到 C 点）

执行该程序，刀具从 A 点出发，以快速点定位的方式经由 B 点到达参考点，换刀后执行 G29 指令，刀具从参考点先运动到 B 点再到达 C 点，B 点至 C 点的增量值为 X500，Y−400。

由于 G28 和 G29 是采用与 G00 相同的移动方式，其行走轨迹常为折线，较难预计其实际移动轨迹，因此在使用上经常将 X，Y 和 Z 分开使用。先用"G28　Z__"提刀并回 Z 参考点位置，然后再用"G28　X__　Y__"回到 X−Y 方向的参考点。自动编程软件往往采用

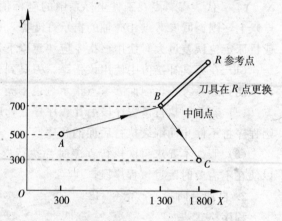

图 7-9　G28 和 G29 编程

"G91　G28　Z0"和"G91　G28　X0　Y0"的方式以当前点为中间点生成程序。

4. 自动返回第二参考点指令 G30

程序格式：

G30　X__　Y__　Z__；

说明：G30 为自动返回第二参考点指令，其功能与 G28 指令类似，都是经过中间点返回参考点；唯一不同的是，G30 指令返回的是第二参考点，而 G28 指令返回的是机床参考点。

第二参考点是机床上的固定点，它和机床参考点之间的距离要通过参数来设置。第二参考点指令主要用于自动换刀位置与机床固有参考点不同的场合。若想从当前点直接返回第二参考点，可执行如下指令：

G91　G30　Z0；若 G30 指令后出现 G29 指令，则刀具将经由 G30 指令中间点返回后移到 G29 指令的坐标点。

7.3.2　工件坐标系设定及零点偏置

在编程中，一般是选择工件或夹具上的某一点作为程序的原点，并以这一点为零点，建立一个坐标系，这个坐标系就是我们通常所讲的工件坐标系。

1. 用 G92 指令设定工件坐标系

程序格式：

G92　X__　Y__　Z__；

该指令中的坐标值，代表当前刀具的刀位点在工件坐标系中的坐标值。因此，操作者在使用写有坐标系设定指令的程序时，必须在工件安装后检查或调整刀具的刀位点与工件坐标系之间的关系，以确保在机床上设定的工件坐标系，与编程时在零件上规定的工件坐标系在位置上重合一致。

注意：G92　X__　Y__　Z__各坐标轴不可省略，否则未被设定的坐标轴将按以前的记忆执行，这样刀具在运动时，可能到达不了预期的位置，甚至造成事故。

2. 工件坐标系的偏置（G54～G59）

编程人员在编写程序时，由于不知道工件在机床工作台上安装的确切位置，因此很难确定工件与机床坐标系之间的关系。为了便于编程人员编写程序，系统编程人员可以使用六个特殊的工件坐标系。这六个工件坐标系可以设定，并在程序中用 G54～G59 来选择它们。与 G54～G59 相对应的工件坐标系，分别为第一工件坐标系至第六工件坐标系。这六个坐标系与 G92 的设定不同。G92 坐标系指令设定工件坐标系是在程序中，用程序段直接给出，而用 G54～G59 设置工件坐标系时，必须通过偏置页面，预先将 G54～G59 设置在寄存器中，编程中再用程序选择。所以，用 G54～G59 设置工件坐标系，图 7-10 所示为工件坐标系与机床坐标系之间的关系，如若将 G54 工件坐标系移到机床坐标系 X30 和 Y50 的位置，首先应测量出工件坐标系原点相对于机床原点在各坐标轴上的偏置值，写入偏置寄存器中，其后所给定的坐标值将按 G54 原点来运行。

G54～G59 工件坐标系也可以通过 G92 坐标系设定指令来移动，移动矢量如图 7-11 所示。在旧 G54 状态时，刀具被定位在 G54 的 X200 Y160 处。执行指令 G92　X100　Y100 后，系统规定新第一工件坐标系 G54 的位置由矢量 A 决定，而且所有其他工件坐标系也要同时偏移矢量 A。

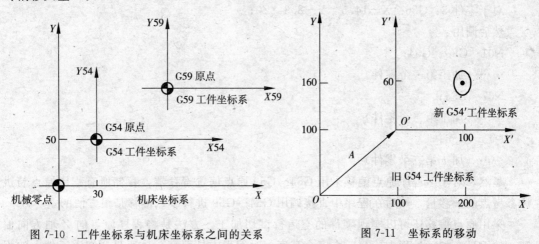

图 7-10　工件坐标系与机床坐标系之间的关系　　　　图 7-11　坐标系的移动

程序如下：

```
G54     G90     G00        X200      Y160；
G92     X100    Y100；
G54；
G00     X0      Y0；
```

执行以上程序后，刀具将不移动到旧第一工件坐标系的原点 O 而是运动到 O' 点。

　　图 7-12 描述了一个一次装夹，加工三个相同零件的多程序原点，与机床参考点之间的关系及偏移计算法。

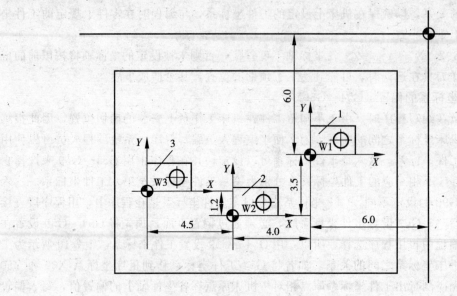

图 7-12　　机床参考点向多程序原点的偏移

　　用 G54～G59 实现原点偏移，首先设置 G54～G56 原点偏置寄存器：

对于零件 1：G54　X－6　Y－6　Z0；

对于零件 2：G55　X－10　Y－9.5　Z0；

对于零件 3：G56　X－14.5　Y－8.3　Z0；

然后调用：

N01　G90　G54；

……（加工第一个零件）

N07　G55；

……（加工第二个零件）

N13　G56；

……（加工第三个零件）

　　显然，对于多程序原点偏移采用 G54～G59 原点偏置寄存器，存储所有程序原点与机床参考点的偏移量，然后在程序中直接调用 G54～G59 进行零点偏移是很方便的。

　　采用原点偏移还可以实现零件的空运行试切加工。方法是将程序原点向 Z 轴方向偏移，使刀具在加工过程中抬起一个安全高度。对编程人员而言，一般只要知道工件上的程序原点就够了，与机床原点、机床参考点及装夹原点无关。但对于机床操作者来说，必须十分清楚所选用的数控机床上述各原点及其之间的偏移关系。数控机床的零点偏移，实质上就是机床参考点向编程员定义在工件上的程序原点的偏移。

　　G92 与 G54～G59 指令之间的差别和不同的使用方法：

　　(1) G92 指令需后续坐标值指定当前工件坐标值。因此需单独一个程序段指定，该程序段尽管有位置指令值，但并不产生运动。在使用 G92 指令前，必须保证机床处于加工起始点，该点称为对刀点。G54～G59 可单独指定，也可与其他程序同段指定；

（2）G92 坐标指令设定工件坐标系是在程序中，用程序段直接进行指定，而用 G54～G59 设定工件坐标系时，必须将 G54～G59 设置在寄存器中，编程中再用程序指定；

（3）G92 与 G54～G59 不能同时存在于一个程序段中，否则 G92 会被 G54～G59 取代。G54～G59 一经建立，后面的程序就会在指定的坐标系中工作。

3. 零点变更

（1）G92 指令变更

格式：G92　X＿ Y＿ Z＿；

说明：该指令含义与前面叙述的相同，而在程序中间使用，使工件坐标系产生位移。G92 指令使 G54～G59 的六个坐标系产生位移，所产生的坐标系的移动量加在后面指令的所有工件原点偏置量上，所以，所有的工件坐标原点都移动相同的量。

（2）G10 指令编程变更

格式：G10　L2　P＿ X＿ Y＿ Z＿；

P 为 0 时，外部工件零点偏置值；P 为 1～6 时，工件坐标系 1～6 的工件零点偏置（即对应 G54～G59 的工件零点偏移）；X＿ Y＿ Z＿对于绝对值指令（G90），为每个轴的工件零点偏移值；对于增量值指令（G91），为每个轴加到设定的工件零点的偏移量（相加的结果为新的工件零点偏移量）。

例如，当前 G56 的设定页面为 X－200　Y－200　Z－200，当执行程序段 G90　G10　L2　P3　X－10　Y－5　Z－20 时，则 G56 的设定页面变为 X－10　Y－5　Z－20。若执行程序段 G91　G10　L2　P3　X－10　Y－5　Z－20，则 G56 的设定页面变为 X－210　Y－205　Z－220。

例 7-1　如图 7-13 所示图形为四个独立的二维凸台轮廓曲线，每个轮廓均有各自的尺寸基准，而整个图形的坐标原点为 O，为了避免尺寸换算，在编制四个局部轮廓的数控加工程序时，分别将工件原点偏置到 O₁，O₂，O₃，O₄ 点。

分别用 G54，G55，G56 和 G57 四个零点偏置存储器存放 O₁，O₂，O₃，O₄，四个点相对于机床坐标系的坐标，具体操作过程是：首先记录坐标零点 O 相对于机床坐标系的坐标（X0，Y0），将 O₁ 点相对于 O 点的坐标（10，5）与（X0，Y0）相加，求得 O₁ 点相对机床坐标系的坐标，并将该坐标存入 G54 存储器中。O₂，O₃，O₄ 三个点相对于机床坐标系的计算是类似的。

设刀心轨迹如图 7-13 所示，凸台高度为 2 mm，数控加工程序编制如下：

O0701

N0010	G54	G90	G00	Z100.0;
N0020	T01	M06;		
N0030	X－10.0	Y－5.0;		
N0040	S1000	M03		
N0050	G43	G00	Z2.0	M08	H01;
N0060	G42	X0	Y0	D01;
N0070	G01	Z－2.0	F50.0	M08;
N0080	X15.0	F100;		

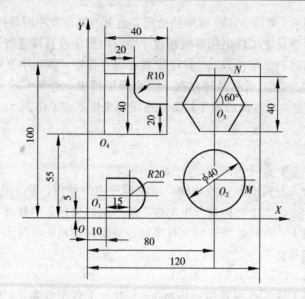

图 7-13　程序原点的偏置

N0090	G03	X15.0	Y40.0	I0	J20.0;
N0100	G01	X0;			
N0110	Y0;				
N0120	Z2.0;				
N0130	G40	G01	X−3.0	Y−3.0;	
N0140	G00	Z100.0;			
N0150	G55	X−30.0	Y30.0;		
N0160	Z2.0;				
N0170	G42	G01	X20.0	Y0	D01;
N0180	G01	Z−2.0	F50.0;		
N0190	G02	X20.0	Y0.0	I−20.0	J0.0 F100;
N0200	Z2.0;				
N0210	G40	G01	X−3.0	Y−3.0;	
N0220	G00	Z100.0;			
N0230	G56	X20.0	Y20.0;		
N0240	Z2.0;				
N0250	G41	G01	X11.547	D01;	
N0260	G01	Z−2.0	F50.0;		
N0270	X23.094	Y0.0	F100;		
N0280	X11.547	Y−20.0;			
N0290	X−11.547;				
N0300	X−23.094	Y0.0;			
N0310	X−11.547	Y20;			
N0320	X11.547;				

N0330	Z2.0;			
N0340	G00	Z100.0;		
N0350	G40	G01	X−3.0	Y−3.0;
N0360	G57	X−10.0	Y−10.0;	
N0370	Z2.0;			
N0380	G01	Z−2.0	F50.0;	
N0390	G42	X0	Y0	D01;
N0400	X40.0	F100;		
N0410	Y20.0;			
N0420	X30.0;			
N0430	G02	X20.0	Y30.0	I0	J10.0;
N0440	G01	Y40.0;		
N0450	X0.0;			
N0460	Y0.0;			
N0470	Z2.0	M09;		
N0480	G49	G00	Z100.0	M05;
N0485	G40	G01	X−10.0	Y−10.0;
N0490	M30;			

7.3.3　坐标变换指令

1. 比例缩放指令

在数控编程中，有时在对应坐标轴上的值是按固定的比例系数进行放大或缩小的，这时为了编程方便，可采用比例缩放指令来进行编程。

其指令格式：

（1）格式一（各轴比例因子相等）

G51　X＿Y＿Z＿P＿；

说明：式中 X，Y，Z 为比例缩放中心，以绝对值指定；

P 为进行缩放的比例系数，指定范围 $0.001 \sim 999.999$ 倍，不能用小数点来指定该值，如"P2"表示缩放比例为 0.002 倍，"P2000"表示缩放比例为 2 倍。

（2）格式二（各轴比例因子不相等）

G51　X＿Y＿Z＿I＿J＿K＿；

该格式用于较为先进的数控系统（如 FANUC 0iC 系统），表示各坐标轴允许以不同比例进行缩放。X，Y，Z 为比例缩放中心，以绝对值指定。I，J，K 为各坐标轴比例缩放系数。例如：G51　X0　Y0　Z0　I1.5　J2.0　K1.0 表示在以坐标点（0，0，0）为中心进行比例缩放，在 X 轴方向的缩放倍数为 1.5 倍，在 Y 轴方向上的缩放倍数为 2 倍，在 Z 轴方向则保持原比例不变。I，J，K 数值的取值直接以小数点的形式来指定缩放比例，如 J2.0 表示在 Y 轴方向上的缩放比例为 2.0 倍（注：有的数控系统缩放比例不允许为小数）。

取消缩放格式为 G50。

比例缩放编程实例：如图 7-14 所示，将外轮廓轨迹 ABCD，以原点为中心在 XY 平面内进行等比例缩放，缩放比例为 2.0，试编写加工程序。

O0702

······

N090　G00　　　　X−50.0　Y50.0；

N100　G01　　　　Z−5.0　F100；

N110　G51　　　　X0　　　　Y0　　　　　P2000；　　　（在 XY 平面内进行缩放，缩放
　　　　　　　　　　　　　　　　　　　　　　　　　　　　比例相同为 2.0 倍）

N120　G41　　　　G01　　　X−25.0　Y20.0　D01；（建立刀补，并加工四方外轮廓）

N130　X20.0；

N140　Y−20.0；

N150　X−20.0；

N160　Y25.0；

N170　G40　　　　X−50.0　Y50.0；

N180　G50；　　　　　　　　　　　　　　　　　　　　　（取消缩放）

······

如图 7-15 所示，将外轮廓轨迹 ABCD 以（−40，−20）为中心在 XY 平面内进行不等比例缩放，X 轴向缩放比例为 1.5，Y 轴向缩放比例为 2.0，试编写该加工程序。

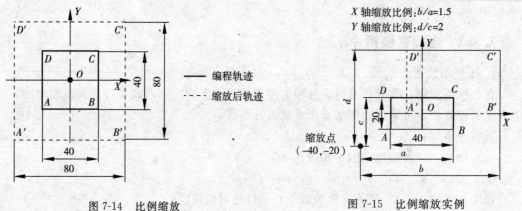

图 7-14　比例缩放　　　　　　　　　　　　图 7-15　比例缩放实例

O0703

······

N090　G00　X50.0　　　Y−50.0；

N100　G01　Z−5.0　　　F100；

N110　G51　X−40.0　　Y−20.0　　　I1.5　　　　J2.0；（在 XY 平面内进行不等比例缩放）

N120　G41　G01　　　　X20.0　　　Y−10.0　D01；

······

N170　G40　X50.0　　　Y−50.0；

N180　G50；　　　　　　　　　　　　　　　　　　　　　（取消缩放）

（2）比例缩放编程说明

①比例缩放中的刀补问题：在编写比例缩放程序过程中，要特别注意建立刀补程序段

的位置。一般情况下，刀补程序段写在缩放程序段内。程序格式如下：

G51　X＿Y＿Z＿P＿；

G41　　G01……D01　F100；

在执行该程序段过程中，机床能正确运行。如果执行如下程序，则会产生机床报警。

G41　　G01……D01　F100；

G51　X＿Y＿Z＿P＿；

比例缩放对于刀具半径补偿值、刀具长度补偿值及刀具偏置值无效。

②比例缩放中的圆弧插补：在比例缩放中进行圆弧插补，如果进行等比例缩放，则圆弧半径也相应缩放相同的比例；如果指定不同的缩放比例，有的系统则不会加工出相应的椭圆轨迹，仍将进行圆弧的插补，圆弧的半径根据 I 和 J 中的较大值进行缩放。如图7-16所示工件的编程。

例如：

O0704

……

G51　　　X0　　　　Y0　　　　I2.0　　　J1.5；

G41　　　G01　　　X−10.0　　Y20.0　　D01；

　　　　　　　　　X10.0　　F100；

G02　　　X20.0　　　Y10.0　　　R10.0；

……

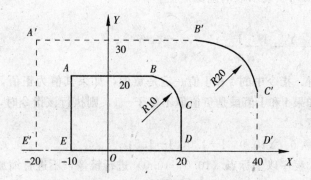

图 7-16　比例缩放加工圆弧

对于圆弧插补的起点与终点坐标，均以 I 和 J 值进行不等比例缩放，而半径 R 则以 I 和 J 中的较大值 2.0 进行缩放，缩放后的半径为 20 mm。此时，圆弧在 C' 已不再相切，而是相交，因此要特别注意比例缩放中的圆弧插补。

在加工圆弧时，若两轴指定不同的缩放比例，有的系统则能加工出椭圆。

（3）比例缩放中的注意事项

①比例缩放的简化形式，如将比例缩放程序" G51　X＿Y＿Z＿P＿"或者"G51 X＿Y＿Z＿P＿I＿J＿K＿"简写成"G51"，则缩放比例由机床系统自带参数决定，具体值请查阅机床有关参数表；而缩放中心则指刀具中心当前所处的位置。

②比例缩放对固定循环中 Q 值与 d 值无效。在比例缩放过程中，有时我们不希望进行 Z 轴方向的比例缩放，这时可以修改系统参数，从而禁止在 Z 轴方向上进行比例缩放。

③在缩放状态下，不能指定返回参考点的 G 代码（G27～G30），也不能指定坐标系的 G 代码（G54～G59，G92）。若一定要指定这些 G 代码，应在取消缩放功能后指定。

2. 可编程镜像

在加工某些对称图形时，为了避免反复编制类似的程序段，缩短加工程序，可采用镜像加工功能。镜像指令在不同的系统中，其代码各不相同。下面仅介绍两种系统的镜像指令代码。

用编程的镜像指令可实现沿某一坐标轴或某一坐标点的对称加工。在一些老的数控系统中通常采用 M 指令来实现镜像加工，在 FANUC 0i 系统中则采用 G51 或 G51.1 来实现镜像加工。

(1) 格式一

G17　G51.1　X __ Y __ ;
　　　G50.1　X __ Y __ ;

说明：X，Y 值用于指定对称轴或对称点。当 G51.1 指令后仅有一个坐标字时，该镜像是以某一坐标轴为镜像轴的。其指令如下：

G51.1　X10.0 ;

该指令表示以某一轴线为对称轴，该轴线与 Y 轴相平行，且与 X 轴在 X＝10.0 处相交。

当 G51.1 指令后有两个坐标字时，表示该镜像是以某一点作为对称点进行镜像。如下指令表示其对称点为（10，10）这一点。

G51.1　X10.0　Y10.0 ;
G50.1　X __ Y __ ;（表示取消镜像）

(2) 格式二

G17　G51　X __ Y __ I __ J __ ;
　　　G50 ;

使用此种格式时，指令中的 I 和 J 值一定是负值，如果其值为正值，则该指令变成了缩放指令。另外，如果 I 和 J 值虽是负值但不等于－1，则执行该指令时，既进行镜像又进行缩放。其指令如下：

G17　G51　X10.0　Y10.0　I－1.0　J－1.5 ;

执行该指令时，程序以坐标点（10.0，10.0）进行镜像，不进行缩放。

G17　G51　X10.0　Y10.0　I－2.0　J－1.5 ;

执行该指令时，程序在以坐标点（10.0，10.0）进行镜像的同时，还要进行比例缩放，其中 X 轴方向的缩放比例为 2.0，而 Y 轴方向的缩放比例为 1.5。

同样，G50 表示取消镜像。

例 7-2　试用镜像指令编写图 7-17 所示轨迹的程序。

O0705　　　　　　　　　　　　　　　　　　　　　　　　　　　　　　　主程序

N010	G90	G94	G17	G40	G50	T01;
N020	G91	G28	Z0;			
N025	M06;					
N030	G90	G54;				
N040	G00	X60.0	Y60.0	F600;		
N050	G49	G01	Z30.0	H01;		

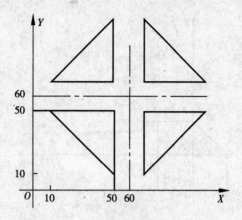

图 7-17　镜像加工

N060	S500	M03；		
N070	G01	Z-5.0	F100；	
N080	M98	P1700；		
N090	G51	X60.0	Y60.0	I-1.0	J-1.0；
N100	M98	P1700；		
N110	G51	X60.0	Y60.0	I1.0	J-1.0；
N120	M98	P1700；		
N130	G51	X60.0	Y60.0	I-1.0	J1.0；
N140	M98	P1700；		
N145	G50；			
N150	G49	G91	G28	Z0；
N160	M05；			
N170	M30；			

O1700　　　　　　　　　　　　　　　　　　　　　　　　　　　　子程序

G41	G01	X70.0	Y60.0	D01；
		Y110；		
		X110.0	Y70.0；	
		X60.0；		
G40	G01	X60.0	Y60.0；	
M99；				

试编写如图 7-18 所示的镜像与缩放程序，镜像与缩放点为（20，20），X 轴方向的缩放比例为 2.0，Y 轴方向的缩放比例为 1.5。

……

G51	X20.0	Y20.0	I-2.0	J-1.5；
G41	G01	X-20.0	Y20.0	F100	D01；
		X20.0；		
		Y-20.0；		

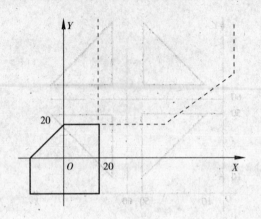

图 7-18　镜像加工

```
                    X-20.0；
                    Y0.0；
                    X0.0        Y20.0；
                    Z30.0；
        G40     G50     X-20.0   Y30.0；
        ……
```

（3）镜像编程说明

①在指定平面内执行镜像指令时，如果程序中有圆弧指令，则圆弧的旋转方向相反，即 G02 变成 G03，G03 变成 G02。

②在指定平面内执行镜像指令时，如果程序中有刀具半径补偿指令，则刀具半径补偿的偏置方向相反，即 G41 变成 G42，G42 变成 G41。

③在指定平面内执行镜像指令时，如果程序中有坐标系旋转指令，则坐标系旋转方向相反，即顺时针变成逆时针，逆时针变成顺时针。

④CNC 数据处理的顺序是从程序镜像到比例缩放，再到坐标系旋转。所以在指定这些指令时，应按顺序指定，取消时，则按相反顺序。在旋转方式或比例缩放方式下不能指定镜像指令 G50.1 或 G51.1，但在镜像指令中可以指定比例缩放指令或坐标系旋转指令。

⑤在可编程镜像方式中，返回参考点指令（G27，G28，G29，G30）和改变坐标系指令（G54～G59，G92）不能指定。如果要指定其中的某一个，则必须在取消可编程镜像后指定。

⑥在使用镜像功能时，由于数控镗铣床的 Z 轴一般安装有刀具，所以 Z 轴一般都不进行镜像加工。

3. 坐标系旋转

对于某些围绕中心旋转得到的特殊的轮廓加工，如果根据旋转后的实际加工轨迹进行编程，就可能使坐标计算的工作量大大增加。若通过图形旋转功能，则可以大大简化编程的工作量。

指令格式：

```
G17   G68 __ X __ Y __ R __；
      G69；
```

说明：G68 表示图形旋转生效，G69 表示图形旋转取消，X 值和 Y 值用于指定图形旋转的中心。R 表示图形旋转的角度，该角度一般取 $0°\sim360°$ 之间的正值，旋转角度的零度方向为第一坐标轴的正方向，逆时针方向为角度的正向。不足 $1°$ 的角度以小数点表示，如 $10°54'$ 用 $10.9°$ 表示。

例如 G68　X15.0 Y20.0 R30.0；该指令表示图形以坐标点（15，20）作为旋转中心，逆时针旋转 $30°$。

注意：

（1）对程序指令进行坐标系旋转之后，再进行刀具偏置（如刀具半径补偿、刀具长度补偿）。

（2）如果坐标系旋转指令前有比例缩放指令（G51），在比例缩放方式下执行坐标系旋转，则旋转中心的坐标值也将按比例缩放，但是旋转角度（R）不按比例缩放。

（3）CNC 数据处理的顺序是从程序镜像到比例缩放，再到坐标系旋转及刀具半径补偿 C 方式，所以在指定这些指令时，应按顺序指定，取消时，则按相反顺序。

（4）在坐标系旋转取消指令 G69 以后的第一个移动指令必须用绝对值指定。如果采用增量值指令，则不执行正确的移动。

（5）在坐标系旋转方式中，与返回参考点指令（G27，G28，G29，G30）和改变坐标系指令（G54～G59，G92）不能指定。如果要指定其中的某一个，则必须在取消坐标系旋转指令后指定。

例如图 7-19 中图形 A 绕坐标点（20，20）进行旋转，旋转角度为 $120°$，旋转后得图形 B，试编写图形 B 的加工程序。

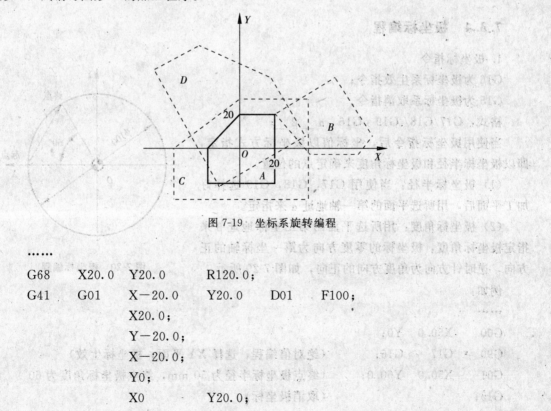

图 7-19　坐标系旋转编程

……

```
G68      X20.0     Y20.0      R120.0；
G41   G01      X-20.0     Y20.0     D01     F100；
              X20.0；
              Y-20.0；
              X-20.0；
              Y0；
              X0        Y20.0；
```

```
                        Z30.0；
    G40      G69；
    ……
```

在执行坐标系旋转指令以前，执行镜像指令或比例缩放指令是允许的；反之，则不允许，即不能在坐标系旋转指令中执行镜像指令或比例缩放指令，如上例所示。图 7-19 中图形 A 先执行比例缩放指令，其中 X 轴方向的比例为 2.0，Y 轴方向的比例为 1.5，比例缩放后得图形 C，图形 C 绕坐标点（20，20）进行旋转，旋转角度为 300°，旋转后得图形 D，试编写图形的加工程序。

```
    ……
    G51      X0.0     Y0.0     I2.0     J1.5；          （比例缩放，形成图形 C）
    G17      G68      X20.0    Y20.0    R300；          （坐标系旋转，形成图形 D）
    G41      G01      X−20.0   Y20.0    F100    D01；（刀具半径补偿 C 方式）
             X20.0；
             Y−20.0；
             X−20.0；
             Y0.0；
             X0.0     Y20.0；
             Z30.0；
    G40      G69      G50；                       （取消刀补，坐标系旋转，比例缩放）
    ……
```

7.3.4　极坐标编程

1. 极坐标指令

G16 为极坐标系生效指令；

G15 为极坐标系取消指令。

格式：G17/G18/ G19　G16　α __ β __；

当使用极坐标指令后，坐标值以极坐标方式指定，即以极坐标半径和极坐标角度来确定点的位置。

（1）极坐标半径：当使用 G17，G18，G19 选择好加工平面后，用所选平面的第一轴地址 α 来指定。

（2）极坐标角度：用所选平面的第二坐标地址 β 来指定极坐标角度，极坐标的零度方向为第一坐标轴的正方向，逆时针方向为角度方向的正向，如图 7-20 所示。

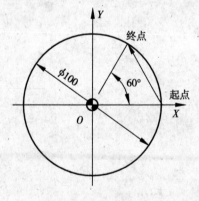

图 7-20　极坐标编程

例如：

```
    ……
    G00      X50.0    Y0；
    G90      G17      G16；         （绝对值编程，选择 XY 平面，极坐标生效）
    G01      X50.0    Y60.0；       （终点极坐标半径为 50 mm，终点极坐标角度为 60°）
    G15；                           （取消极坐标）
```

......

2. 极坐标系原点

极坐标原点指定方式有两种：一种是以工件坐标系的零点作为极坐标原点；另一种是以刀具当前的位置作为极坐标系原点。

当以工件坐标系零点作为极坐标系原点时，用绝对值编程方式来指定。如程序"G90 G17 G16"，极坐标半径值就是指终点坐标到编程原点的距离；角度值是指终点坐标与编程原点的连线与 X 轴的夹角，如图 7-21 所示。

当以刀具当前位置作为极坐标系原点时，用增量值编程方式来指定。如程序"G91 G17 G16"，极坐标半径值是指终点到刀具当前位置的距离；角度值是指前一坐标原点与当前极坐标系原点的连线与当前轨迹的夹角。如图 7-22 所示，在 A 点进行 G91 方式极坐标编程，则 A 点为当前极坐标系的原点，而前一坐标系的原点为编程原点（O 点），则半径为当前编程原点到轨迹终点的距离（图中 AB 线段的长度），角度为前一坐标原点与当前极坐标系原点的连线与当前轨迹的夹角（图中 OA 与 AB 的夹角）。对 BC 段编程时，B 点为当前极坐标系原点，角度与半径的确定与 AB 段类似。

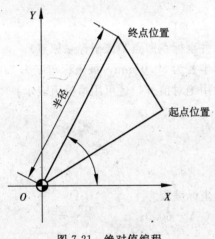

图 7-21　绝对值编程

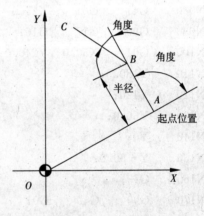

图 7-22　增量值编程

3. 极坐标的应用

采用极坐标编程，可以大大减少编程时的计算工作量，因此在编程中得到广泛应用。通常情况下，圆周分布的孔类零件（如法兰类零件）以及图样尺寸以半径与角度形式标注的零件（如铣正多边形外形），采用极坐标编程较为合适。

例 7-3　试用极坐标编程来编写如图 7-23 所示正六边形外形加工的刀具轨迹。

O0706

N010	G90	G49	G15	G17	G40	G80;
N020	G91	G28	Z0;			
N030	G90	G54;				
N040	G01	X40.0	Y−60.0	F600;		
N050	G43	Z30.0	H01;			
N060	S500	M03;				

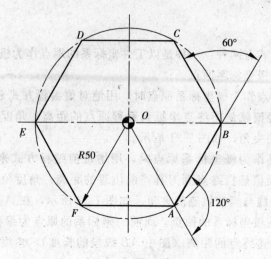

图 7-23　加工外轮廓

N070	G01	Z－5.0 F100;

N080　　　G41　　　G01　　　X25.0　　　Y－43.30 D01;

N090　　　G90　　　G17　　　G16;　　　（设定工件坐标系原点为极坐标系原点）

N100　　　G01　　　X50.0　Y240.0;　　（极坐标半径为 50.0 mm，极坐标角度为240°）

N110　　　Y180.0;　　　　　　　　　（角度除用绝对值外，还可用增量值表示）

N120　　　Y120;

N130　　　Y60.0;

N140　　　Y0;

N150　　　Y－60.0;

N160　　　G15;　　　　　　　　　　（取消极坐标编程）

N170　　　G90　　　G40　　　G01　　　X40.0　　　Y－60.0;

N180　　　G49　　　G91　　　G28　　　Z0;

N190　　　M05;

N200　　　M30;

如采用 G91 方式极坐标编程，则编程如下：

O0707　　　　　　　　　　　　　　（此程序为不加半径补偿刀具轨迹程序）

……

N080　　　G01　　　X25.0　　　Y－43.30;　　　（刀具移至 A 点）

N090　　　G91　　　G17　　　G16;　　　（设定刀具当前位置 A 点为极坐标系原点）

N100　　　G01　　　X50.0　　　Y120.0;　　　（极坐标半径等于 AB，长为 50.0 mm，极
　　　　　　　　　　　　　　　　　　　　　坐标角度为 OA 下方向与 AB 方向的夹角
　　　　　　　　　　　　　　　　　　　　　为 120°）

N110　　　Y60.0;　　　　　　　　　　　　（此时 B 点为极坐标系原点，极坐标半径
　　　　　　　　　　　　　　　　　　　　等于 BC 长为 50.0 mm，极坐标角度为 AB
　　　　　　　　　　　　　　　　　　　　方向与 BC 方向夹角为 60°）

N120   Y60.0;

N130   Y60.0;

N140   Y60.0;

N150   Y60.0;

N160   G15;   （取消极坐标编程）

……

7.3.5 任意角度倒棱角 C、倒圆角 R

在任意的直线与直线插补、直线与圆弧插补、圆弧与直线插补、圆弧与圆弧插补之间，自动加入倒棱角或倒圆角。

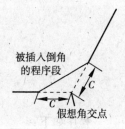

图 7-24 自动倒棱角

直线插补（G01）及圆弧插补（G02，G03）程序段最后附加 C 则自动插入倒棱；附加 R 则自动插入倒圆。上述指令只在平面选择（G17，G18，G19）指定的平面有效。C 后的数值为假设未倒角时，指令由假想角交点到倒角开始点、终止点的距离，如图 7-24 所示。

N0010   G91   G01   X100.0   C10.0;

N0020   X100.0   Y100.0;

R 后的数值指令倒圆 R 的半径值，如图 7-25 所示。

N0010   G91   G01   X100.0   R10.0;

N0020   X100.0   100.0;

但上述倒棱 C 及倒圆 R 程序段之后的程序段，必须是直线插补（G01）或圆弧插补（G02，G03）的移动指令。若为其他指令，则出现 P/S 报警，警示号为 52。倒棱 C 及倒圆 R 可在两个以上的程序段中连续使用。

说明：

（1）倒棱 C 及倒圆 R 只能在同一插补平面内插入。

（2）插入倒棱 C 及倒圆 R 若超过原来的直线插补范围，则出现 P/S 报警，警示号为 55，如图 7-26 所示。

图 7-25 自动倒圆弧角   图 7-26 出现报警的情况

（3）变更坐标系的指令（G92，G52～G59）及回参考点（G28～G30）后，不可写入倒棱 C 及倒圆 R 指令。

（4）直线与直线、直线和交点圆弧的切线以及两交点圆弧的切线间的夹角在 $\pm 1°$ 以内时，倒棱及倒圆的程序段都当作移动量为 0。

例 7-4 利用倒棱角及倒圆角指令实现如图 7-27 所示外形轮廓的加工。

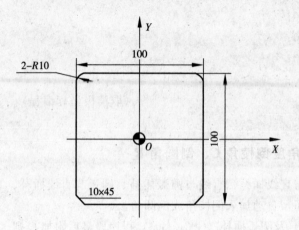

图 7-27　切角及圆角指令

程序如下：

O0708					（程序号）
G90	G54	G00	X－70	Y－70；	（建立工件坐标系）
	Z100	M03	S500；		（Z 轴至起始高度，启动主轴）
	Z10；				（Z 轴下降至安全高度）
G01	Z－10	F100；			（下刀）
G41	X－50	Y－55	D01；		（加上刀具半径补偿）
G01	Y50	R10；			（加入圆角指令）
	X50	R10；			（加入圆角指令）
	Y－50	C10；			（加入切角指令）
	X－50	C10；			（加入切角指令）
	Y－40；				（Y 轴至－40 处）
G00	Z100；				（Z 轴至起始高度）
G40	X－70	Y－70	M05；		（取消刀补，停止主轴）
M30；					（程序结束）

7.3.6　准确停止校验指令 G09、方式 G61、切削进给方式 G64

1. 准确停止校验指令 G09

该指令为非模态指令，仅在所出现的程序段有效。在与包含有运动的指令（如 G01）如同时被指定时，刀具在到达终点前减速并精确定位后才继续执行下一个程序段，因此可用于具有尖锐棱角的零件加工。

2. 准确停止校验方式 G61

该指令规定了精确停止校验方式且为续效指令。在指定了 G61 的程序段之后，当遇到与运动有关的指令（如 G01）时，刀具到达该运动段的终点时，减速到零并精确定位之后再执行下一个程序段。该指令工作方式在遇到 G64 时可以被自动终止。

G61 与 G09 的区别是 G61 为模态指令。

3. 切削进给方式 G64

在这种工作方式时，刀具在运动到指令的终点后，不减速而继续执行下一个程序段。换言之，机床在上一个程序段到达所编程的终点前，就开始执行下一个程序段。但该指令不影响 G00，G60 或 G09 中的定位或校验。

说明：

（1）G61 和 G64 这是一组模态指令，G61 一经指定后一直有效，只有用 G64 时才能改变，反之亦然。但在清除状态后，自然进入 G64。

（2）从 G61 指令起到 G64 指令止，每个程序段均作定位校验。也就是说，G61～G64 之间的程序段相当于每一句中都有 G09 指令。

（3）在 G64 方式下，只有 G00，G60，G09 包含的程序段作定位校验，若坐标轴运动的下一程序段中不包含坐标轴运动，则坐标轴运动到终点时减速停止，但不作定位校验。

7.4　加工中心的主轴、换刀和辅助功能

1. 主轴功能

主轴功能也称主轴转速功能或 S 功能，它是定义主轴转速的功能。主轴功能由 S 及后面的数字组成，单位为 r/min。如 S1000 表示主轴转速为 1 000 r/min。编程时除了用 S 功能指定主轴转速外，还要用 M 功能指定主轴的转向及停止。

2. 指定换刀刀号 T 功能

（1）刀具选择

T 功能是用来进行选择刀具的功能，它是把指令了刀号的刀具转换到换刀位置，为下次换刀做好准备。T 功能指令用 T×× （×表示刀具号）表示，T×× 是为下次换刀使用的，本次所用刀具应在前面程序段中写出。

刀具交换是指刀库上正位于换刀位置的刀具与主轴上的刀具进行自动换刀，这一动作是通过换刀指令 M06 来实现的。

（2）自动换刀程序编制方式

在一个程序段中，同时包含 T 指令与 M06 指令。如 G28　X__ Y__ Z__ T__ M06，执行本程序段时，首先执行 G28 指令，刀具经中间点 X__ Y__ Z__ 返回参考点，然后执行主轴准停及自动换刀动作，因 T×× 是为下次换刀做准备的，为避免执行 T 功能时占用加工时间，T 功能指令应在执行 M06 换刀指令完成后才执行，在执行 T 功能指令的同时，机床继续执行后面的程序。

3. 辅助功能

辅助功能也称 M 功能，是指令机床辅助动作的功能。

M00——程序停止，执行完有该指令的程序后，主轴的转动、进给、切削液都将停止，以便进行某一手动操动，如换刀、工件重新装夹、测量工件尺寸等。重新启动机床后，继续执行后面的程序。

M01——计划停止。M01 与 M00 功能基本相似，不同的是只有在按下选择停止键后，

M01 才有效，否则机床继续执行后面的程序段。该指令一般用于抽查关键尺寸等情况，检查完后，按"启动"键，继续执行后面的程序。

M02——程序结束。该指令编在最后一个程序段中，它表示执行完程序内所有指令后，主轴停止、进给停止、切削液关闭，机床处于复位状态，机床 CRT 显示程序结束。

M30——程序结束。M30 除具有 M02 功能外，还具有返回到程序的第一条语句、准备下一个工件的加工、机床 CRT 显示程序开始的功能。

M06——主轴刀具与刀库上位于换刀位置的刀具交换，执行时先完成主轴准停的动作，然后才执行换刀动作。

4. 子程序的调用

（1）调用子程序的格式

M98　　P××××　　L××××；

其中 M98 是调用子程序指令，地址 P 后面的 4 位数字为子程序号，地址 L 为重复调用次数，若调用次数为"1"则可省略不写，系统允许调用次数为 9999 次。

子程序调用某一子程序需要在 M98 后面写上子程序号，此时要改子程序 O×××× 为 P××××。

（2）子程序的执行过程

以下列程序为例说明子程序的执行过程：

主程序			子程序	
O0001			P1010	
N0010；			N1020；	
N0020	M98	P1010　L2；	N1030；	
N0030；			N1040；	
N0040	M98	P1010；	N1050；	
N0050；			N1060	M99；

子程序执行到 N0020 时就调用执行 P1010 子程序，重复执行两次后，返回子程序，继续执行 N0020 后面的程序段，在 N0040 时再次调用 P1010 子程序一次，返回时又继续执行 N0050 及其后面程序。当一个子程序调用另一个子程序时，其执行过程同上。

（3）子程序的特殊调用方法

除子程序结束时用 M99 指令返回主程序中调用子程序的下段外，还可以在 M99 程序段中加入 P××××，则子程序在返回时，将返回到主程序中顺序号为 P×××× 程序段，如上例中把子程序中 N1060 程序段中的 M99 改成 M99 P0010 则子程序结束时，便会自动返回到子程序 N0010 程序段，但这种情况只用于储存器工作方式而不能用于纸带方式。

例 7-5　如图 7-28 所示，刀具 T02 为 ϕ20 mm 的立铣刀，长度补偿号为 H12，半径补偿号为 D22。说明：两个 ϕ30 mm 的孔用来装夹工件。

O0710						
N0010	G17	G21	G40	G49	G90	G54　T02；
N0020	M06；					

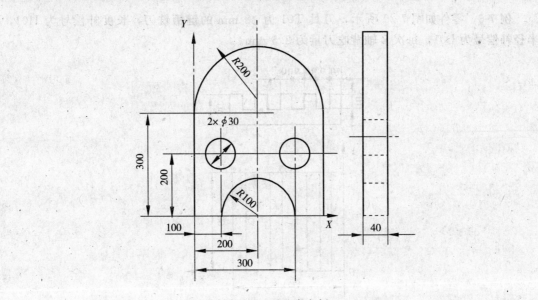

图 7-28　子程序实例

N0030	M03	S800;
N0040	G43	G00	Z5.0	H12;
N0050	G00	X−50.0	Y−50.0;
N0060	G01	Z−20.0	F300;
N0070	M98	P1010;
N0080	G01	Z−43.0	F300;
N0090	M98	P1010;
N0100	G49	G00	Z300.0;
N0110	G28	Z300.0;
N0120	M30;

O1010

N0010	G42	G01	X−30.0	Y0.0	F300	D22	M08;
N0020	X100;
N0030	G02	X300.0	Y0.0	R100.0;
N0040	G01	X400.0;
N0050	Y300;
N0060	G03	X0.0	Y300.0	R200.0;
N0070	G01	Y−30.0;
N0080	G40	G01	X−50.0	Y−50.0;
N0090	M09;
N0100	M99;

5. 子程序的嵌套

为了进一步简化程序，可以让子程序调用另一个子程序，称为子程序的嵌套。在编程中使用较多的是二重嵌套，也有用多重嵌套的。

例 7-6 零件如图 7-29 所示，刀具 T01 为 φ8 mm 的键槽铣刀，长度补偿号为 H01，半径补偿号为 D01，每次 Z 轴背吃刀量为 2.5 mm。

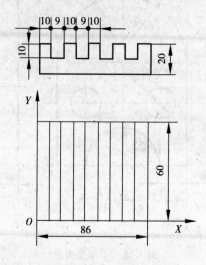

图 7-29 子程序嵌套

程序编写如下：

O0711

N0010	G54	G90	G17	G21	G49	T01；
N0020	M06；					
N0030	M03	S800；				
N0040	G90	G00	X−4.5	Y−10.0	M08；	
N0050	G43	G01	Z0	H01；		
N0060	M98	P110	L4；			
N0070	G49	G90	G00	Z300.0	M05；	
N0090	X0	Y0	M09；			
N0100	M30；					

O110

N0010	G91	G01	Z−2.5	F80；	
N0020	M98	P120	L4；		
N0030	G00	X−76.0	M99；		

O120

N0010	G91	G00	X19.0；		
N0020	G41	G01	X4.5	D01	F80；
N0030	Y75.0；				
N0040	X−9.0；				
N0050	Y−75；				
N0060	G41	G01	X4.5	M99；	

7.5　加工中心编程实例

例 7-7　如图 7-30 所示的零件，选取如下的加工路线：

(1) 钻 1，2，3，4 孔并倒角；

(2) 攻 1，2，3，4 孔螺纹。

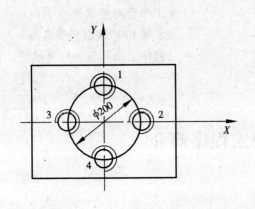
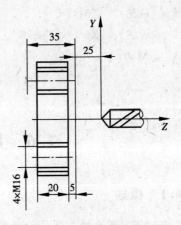

图 7-30　编程实例

加工程序如下：

O0712

N01	G92	X0	Y0	Z0；		（确定工件坐标系）
N02	G28	X0	Y0	M06	T01；	（回参考点换刀）
N03	G00	G90	X0	Y100；		（绝对值编程，快速定位）
N04	G43	Z0	H01	S300	M03；	（刀具长度补偿，主轴正转）
N05	G98	G81	Z−60	R−25	F70；	（钻 1 孔循环）
N06	X100	Y0；				（钻 2 孔）
N07	X−100；					（钻 3 孔）
N08	X0	Y−100；				（钻 4 孔）
N09	G00	G49	Z0	M05；		（取消刀具长度补偿，主轴停止）
N10	G28	M06	T02；			（换刀倒角）
N11	G00	X0	Y100；			（刀具定位到 1 孔）
N12	G43	Z0	H02	S250	M03；	（刀具长度补偿，主轴正转）
N13	G98	G81	Z−31	R−5	F50；	（用钻孔循环，1 孔倒角）
N14	X100	Y0；				（2 孔倒角）
N15	X−100；					（3 孔倒角）
N16	X0	Y−100；				（4 孔倒角）
N17	G00	G49	Z0	M05；		（取消刀具长度补偿，主轴停止）

N18	G28	M06	T03；	（换攻螺纹刀具）
N19	G00	X0	Y100；	（定位到 1 孔）
N20	G43	Z0	H03　S100　M03；	（刀具长度补偿，主轴正转）
N21	G98	G84	Z－55　R－25　F80；	（1 孔攻螺纹循环）
N22	X100	Y0；		（2 孔攻螺纹循环）
N23	X－100；			（3 孔攻螺纹循环）
N24	X0	Y－100；		（4 孔攻螺纹循环）
N25	G00	G49	Z0　M05；	（取消刀具长度补偿，主轴停止）
N26	G28	Z0；		（工作台退至 Z 轴参考点）
N27	G28	X0	Y0；	（X 轴和 Y 轴退至参考点）
N28	M30；			（程序结束并返回到开始段）

7.6　用户宏程序简介

7.6.1　概述

　　用户宏功能是提高数控机床性能的一种特殊功能，在使用中通常把能完成某一功能的一系列指令像子程序一样存入存储器，然后用一个总指令代表它们，使用时只需给出这个总指令就能执行其功能。

　　用户宏功能主体是一系列指令，相当于子程序体。它既可以由机床厂生产提供也可以由用户自己编制。

　　一般程序编制中，程序字为一常量，一个程序只能描述一个几何形状，所以缺乏灵活性。

　　使用用户宏功能，可以在用户宏主体中使用变量；可以进行变量之间的运算；可以用用户宏命令对变量进行赋值。这种有变量的程序叫做宏程序。

　　使用用户宏的主要方便之处在于可以用变量代替具体数值，因而在加工同一类的零件时，只需将实际的值赋予变量即可，而不需要对每一个零件都编一个程序。

　　1. 宏程序格式

　　宏程序格式与子程序格式一致，用 M99 返回主程序。其格式如图 7-31 所示。

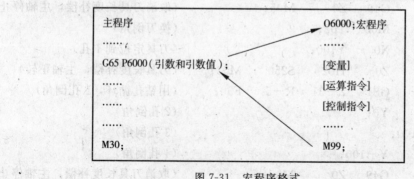

图 7-31　宏程序格式

2. 选择程序号

程序在存储器中的位置决定了该程序的一些权限，根据程序的重要程度和使用频率用户可选择合适的程序号，具体如表 7-3 所列。

表 7-3　　　　　　　　　　　　　**程序的存储区间**

程序号区间	使用权限
O1～O7999	程序能自由存储、删除和编辑
O8000～O8999	不经设定该程序就不能进行存储、删除和编辑
O9000～O9019	用于特殊调用的宏程序
O9020～O9899	如果不设定参数就不能进行存储、删除和编辑
O9900～O9999	用于机器人操作

3. 宏程序的调用方法

(1) 非模态调用

非模态调用指一次性调用宏主体，即宏程序只在一个程序段内有效。G65 被指定时，地址 P 所指定的用户宏被调用，数据（自变量）能传递到用户宏程序中。其格式如下：

G65 P××××（宏程序号）L（重复次数）＜指定引数值＞；

一个引数是一个字母，对应于宏程序中变量的地址，引数后边的数值赋给宏程序中对应的变量（见例 7-9）。

例 7-8　宏程序的非模态调用。♯1＝1.0，♯2＝2.0，如图 7-32 所示。

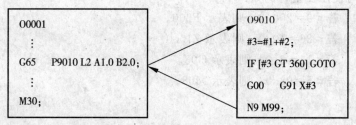

图 7-32　宏程序的非模态调用

(2) 模态调用

模态调用功能近似固定循环的续效作用，在调用宏程序的语句以后，机床在指定的多个位置循环执行宏程序，直到发出 G67 命令，该方式才被取消。其使用格式如下：

……

G66　P××××（宏程序号）L（重复次数）＜指定引数值＞；（此时机床不动）

X ＿ Y ＿；（机床在这些点开始加工）

X ＿ Y ＿；

……G67；（停止宏程序的调用）

例 7-9　宏程序的模态调用（如图 7-33）。

(3) 用 G 代码调用宏程序

让 G 代码与相应宏程序对应起来，调用宏程序时只需使用此 G 代码并给变量赋值。

例如，可设定参数 0323 的值为 12，即表示 G12（引数指定）与 G65 P9010（引数指定）相同，这里的 G12 代替了 G65　P9010。

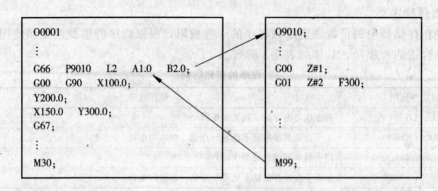

图 7-33　宏程序的模态调用

（4）用 M 代码、T 代码、S 代码及 B 代码调用宏程序。

7.6.2　变量

1. 变量的表示

变量可以用"＃"号和跟随其后的变量序号来表示，即＃i（i＝1，2，3，...）。例如：＃5，＃109，＃501。也可用表达式来表示变量，即＃［（表达式）］。例如：＃［＃50］，＃［2001－1］，＃［＃1＋＃2－12］。

在地址号后可使用变量，例如：

F＃9	若＃9＝200.0，则表示 F200。
Z＃26	若＃26＝10.0，则表示 Z10.0。
G＃13	若＃13＝3.0，则表示 G03。
M＃5	若＃5＝08.0，则表示 M08。

...

2. 变量的赋值

（1）直接赋值

变量可在操作面板 MACRO 内容处直接输入，也可用 MDI 方式赋值，还可在程序内用以下所示方式赋值，但等号左边不能用表达式：

＃＿＿＝数值（或表达式）

（2）引数赋值

宏程序体以子程序方式出现，所用的变量可在宏调用时赋值。例如：

G65　P9120　X100.0　Y20.0　F20；

其中 X，Y，F 对应于宏程序中的变量号，变量的具体数值由引数后的数值决定。引数与宏程序体中变量的对应关系有两种（见表 7-4 和表 7-5），这两种方法可以混用。其中 G，L，N，O，P 不能作为引数为变量赋值。

表 7-4　　　　　　　　　　　　　　**变量赋值方法 I**

引数（自变量）	变量	引数（自变量）	变量	引数（自变量）	变量	引数（自变量）	变量
A	＃1	H	＃11	R	＃18	X	＃24
B	＃2	I	＃4	S	＃19	Y	＃25

续表

引数（自变量）	变量	引数（自变量）	变量	引数（自变量）	变量	引数（自变量）	变量
C	#3	J	#5	T	#20	Z	#26
D	#7	K	#6	U	#21		
E	#8	M	#13	V	#22		
F	#9	Q	#17	W	#23		

表 7-5　　　　　　　　　　　　　　　**变量赋值方法 II**

自变量地址	变量	自变量地址	变量	自变量地址	变量	自变量地址	变量
A	#1	I_3	#10	I_6	#19	I_9	#28
B	#2	J_3	#11	J_6	#20	J_9	#29
C	#3	K_3	#12	K_6	#21	K_9	#30
$I1$	#4	I_4	#13	I_7	#22	I_{10}	#31
$J1$	#5	J_4	#14	J_7	#23	J_{10}	#32
$K1$	#6	K_4	#15	K_7	#24	K_{10}	#33
$I2$	#7	I_5	#16	I_8	#25		
$J2$	#8	J_5	#17	J_8	#26		
$K2$	#9	K_5	#18	K_8	#27		

3. 变量的种类

变量有局部变量、公用变量（全局变量）和系统变量三种。

（1）局部变量，即 #1～#33。局部变量是一个在宏程序中局部使用的变量。例如，当宏程序 A 调用宏程序 B 而且都有 #1 变量时，因为它们服务于不同局部，所以 A 中的 #1 与 B 中的 #1 不是同一个变量，互不影响。

（2）公用变量（全局变量），即 #100～#149，#500～#549。公用变量贯穿整个程序过程，包括多重调用。上例中若 A 与 B 同时调用全局变量 #100，则 A 中的 #100 与 B 中的 #100 是同一个变量。

（3）系统变量。宏程序能够对机床内部变量进行读取和赋值，从而完成复杂任务。系统变量主要包括：

①接口信号。

②刀具补偿 #200～#2200，其中长度补偿与半径补偿均在此区域内。

③工件偏置量 #5201～#5326。

④报警信息 #3000。#3000 中存储报警信息地址，如：#3000＝n，则显示 n 号警告。

⑤时钟 #3001 和 #3002。

⑥禁止单程序段停止和等待辅助机能结束信号 #3003。

⑦进给保持（不能手动调节机床进给速率）#3004。

⑧模态信息 #4001～#4120。如：#4001 为 G00～G03，若当前为 G01 状态，则 #4001 中值为 01；#4002 为 G17～G19，若当前为 G17 平面，则 #4002 值为 17。

⑨位置信息♯5001～♯5105。保存各种坐标值，包括绝对坐标、距下一点距离等。

系统变量还有多种，它们为编制宏程序提供了丰富的信息来源。

4. 未定义变量

当变量的值未定义时，这样的一个变量被看作"空"变量，变量♯0总是"空"变量。

7.6.3　运算指令

宏程序具有赋值、算术运算、逻辑运算、函数运算等功能，表7-6列出了变量的各种运算方式。

表 7-6　　　　　　　　　　　　　　变量的各种运算

序号	名称	形式	意义	具体示例
1	定义转换	♯i=♯j	定义、转换	♯102=♯10 ♯20=♯500
2	加法形演算	♯i=♯j+♯k ♯i=♯j-♯k ♯i= OR ♯k ♯i= XOR ♯k	和 差 逻辑和 异或	♯5=♯10+♯102 ♯8=♯3-♯100 ♯20=♯3OR♯8 ♯12=♯5XOR♯25
3	乘法形演算	♯i=♯j*♯k ♯i=♯j/♯k ♯i= AND ♯k ♯i= MOD ♯k	积 商 逻辑乘 取余	♯120=♯1*♯24　♯20=♯7*♯360 ♯104=♯8/♯7　♯110=♯21/♯12 ♯116=♯10 AND/♯11 ♯20=♯8 MOD ♯2
4	函数运算	♯i=SIN［♯j］ ♯i=COS［♯j］ ♯i=TAN［♯j］ ♯i=ATAN［♯j］ ♯i=SQRT［♯j］ ♯i=ABS［♯j］ ♯i=ROUND［♯j］ ♯i=FIX［♯j］ ♯i=FUP［♯j］ ♯i=ACOS［♯j］ ♯i=LN［♯j］ ♯i=EXP［♯j］	正弦（度） 余弦（度） 正切 反正切 平方根 绝对值 四舍五入整数化 小数点以下舍去 小数点以下进位 反余弦（度） 自然对数 e^x	♯10=SIN［♯5］ ♯133=COS［♯20］ ♯30=TAN［♯21］ ♯148=ATAN（［♯1］/［♯2］） ♯131=SQRT［♯10］ ♯5=ABS［♯102］ ♯112=ROUND［♯23］ ♯115=FIX［♯10］ ♯114=FUP［♯33］ ♯10=ACOS［♯16］ ♯3=LN［♯100］ ♯7=EXP［♯9］

7.6.4　控制指令

控制指令可起到控制程序流向的作用。

1. 分支语句（GOTO）

分支语句GOTO的格式如下：

IF［＜条件表达式＞］GOTO　n

若条件表达式成立，则程序转向程序号为n的程序段；若条件不满足，就继续执行下一个程序。条件式的种类如表 7-7 所示。

表 7-7 条件式种类

条件式	意义
#J EQ #K	=
#J NE #K	≠
#J GT #K	>
#J LT #K	<
#J GE #K	≥
#J LE #K	≤

2. 循环指令

循环指令的格式如下：

WHILE［＜条件式＞］　DO　m（m＝1，2，3…）；

…

END m；

当条件满足时，就循环执行 WHILE 与 END 之间的程序段 m 次；若条件不满足，就执行 END m；的下一个程序段。

［思考与练习］

7-1　加工中心有什么功能？

7-2　加工中心的工艺特点及加工对象是什么？

7-3　加工中心有哪些种类？

7-4　如何合理地安排换刀指令？为什么加工中心换刀时必须取消刀具补偿功能？

7-5　加工中心编程应注意哪些问题？加工中心的编程特点是什么？

7-6　在加工中心上加工图 7-34 所示的外缘轮廓，2×φ30 mm 孔为定位孔，采用主程序调用子程序方式编程，试编写程序。

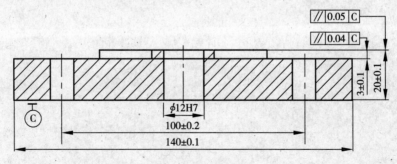

图 7-34　题 7-6 图

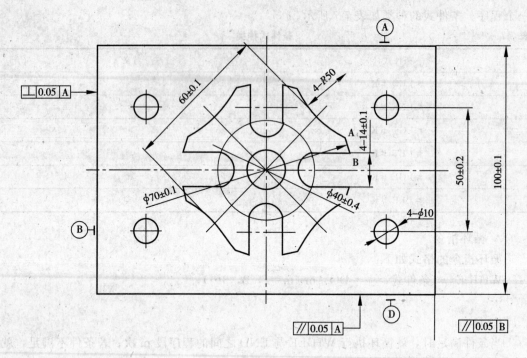

图 7-34　题 7-6 续图

第8章 加工中心的操作

加工中心能实现3轴或3轴以上的联动控制，以保证刀具进行复杂表面的加工。加工中心除具有直线插补和圆弧插补功能外，还具有各种加工固定循环、刀具半径自动补偿、刀具长度自动补偿、加工过程图形显示、人机对话、故障自动诊断、离线编程等功能。

8.1 加工中心的工艺装备简介

8.1.1 刀柄及刀具系统

数控加工中所用的刀具，除满足一般的切削原理、切削性能、刀具结构等方面的要求之外，还应满足耐用度好、断屑与排屑可靠等要求。

加工中心所用的切削工具由两部分组成，即刀具和供自动换刀装置夹持的刀柄及拉钉，如图8-1所示。

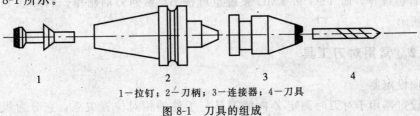

1—拉钉；2—刀柄；3—连接器；4—刀具

图8-1 刀具的组成

1. 刀柄

在加工中心上一般采用7∶24的锥柄，这种锥柄不自锁，换刀比较方便，而且有好的定心精度和刚性。刀柄和拉钉已经标准化，各部尺寸见图8-2和表8-1、表8-2所示。

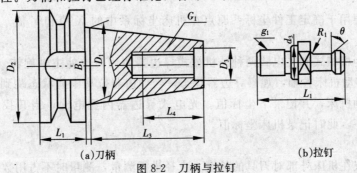

(a)刀柄　　　　　　　　　　　　(b)拉钉

图8-2 刀柄与拉钉

表 8-1　　　　　　　　　　　　　　　　　　刀柄尺寸

刀柄	D_1	D_2	L_1	L_2 （±0.4）	L_3 （±0.2）	L_4	D_3	G_1	B_1 （H_{12}）
40T	$\phi44.45$	$\phi63.0$	25.0	2.0	65.4	30.0	$\phi17.0$	M16	16.1
50T	$\phi69.85$	$\phi100.0$	35.0	3.0	101.8	45.0	$\phi25.0$	M24	25.7

表 8-2　　　　　　　　　　　　　　　　　　拉钉尺寸

拉钉	L_1	g_1	d_3	R_1	θ	
					形式 1	形式 2
10P	60.0	M16	17.0	3.0	45°	30°
50P	85.0	M24	25.0	5.0	45°	30°

2. 工具系统

金属切削刀具系统按其结构可分为整体式与模块式两种。整体式刀具系统由整体柄部和整体刃部（整体式刀具）两者组成，传统的钻头、铣刀、铰刀等就属于整体式刀具。模块式刀具系统是把整体式刀具系统按功能进行分割，做成系列化的标准模块（如刀柄、刀杆、接长杆、接长套、刀夹、刀体、刀头、刀刃等），再根据需要快速地组装成不同用途的刀具，当某些模块损坏时可部分更换。这样既便于批量制造，降低成本，也便于减少用户的刀具储备，节省开支。但模块式刀具系统刚性不如整体式好，一次性投资偏高。

我国为满足工业发展的需要，制定了《镗铣类整体数控工具系统》标准（按汉语拼音，简称为"TSG 工具系统"）和《镗铣类模块式数控工具系统》标准（简称为"TMG 工具系统"），它们都采用 GB10944－89（JT 系列刀柄）为标准刀柄。考虑到事实上使用日本的 MAS/BT403 刀柄的机床目前在我国数量较多，TSG 及 TMG 也将 BT 系列作为非标准刀柄首位推荐，即 TSG 和 TMG 系统也可按 BT 系列刀柄制作。TSG 工具系统系列如图 8-3 所示。

8.1.2　常用对刀工具

1. Z 向设定器

Z 向设定器用于对刀时测定 Z 向的刀具与工件的相对位置关系。它分为机械式（如图 8-4所示）和光电式（如图 8-5 所示）。机械式使用时要观察表针的读数，以确定刀具和工件的位置关系。光电式使用时观察指示灯是否发亮，若发亮则说明刀具与工件的相对位置关系已确定。设定器的使用方法如图 8-6 所示。

2. 寻边器

寻边器主要用于确定工件坐标系原点在机床坐标系中的 X 值和 Y 值，也可以测量工件的简单尺寸。

寻边器分为机械式和光电式两种。机械式寻边器使用时应使主轴旋转（转速为 600～660 r/min），移动机床各轴，观察寻边器状态，当寻边器位从中间状态跳到结果状态的一瞬间，停止移动机床，并记录下坐标值。光电式寻边器内置电池，当其找正球接触工件时，指示灯点亮，此时记录机床坐标值。

3. 对刀仪

刀具对刀仪在机床外部对刀具的长度、直径进行测量，测量时不占用数控设备。

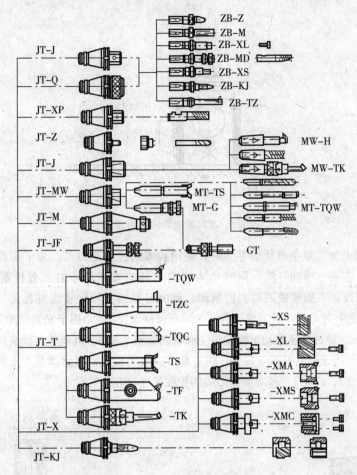

图 8-3 TSG 工具系统系列

图 8-4 机械式 Z 向设定器

图 8-5 光电式 Z 向设定器

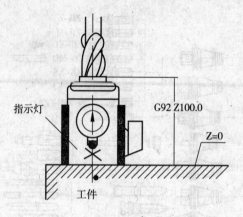

图 8-6　Z 向设定器的使用方法

　　在数控机床上加工复杂形状的零件时，使用较多的往往是刀具。为了实现自动换刀，迅速装刀和卸刀，以缩短辅助时间，同时也为了使刀具的实际尺寸输入数控系统实现刀具补偿，提高加工精度，一般要使用对刀仪预调，测出刀具的实际尺寸或与名义尺寸的偏差。图8-7 所示为一种光学对刀仪，对刀仪平台 7 上装有刀柄夹持轴 2，用于安装被测刀具，如安装图8-8 所示钻削刀具。通过快速移动单键按钮 4 和微调旋钮 5 或 6，可调整刀柄夹持轴 2 在对刀仪平台 7 上的位置。当光源发射器 8 发光，将刀具刀刃放大投影到显示屏幕 1 上时，即可测得刀具在 X（径向尺寸）、Z（刀柄基准面到刀尖的长度尺寸）方向的尺寸。

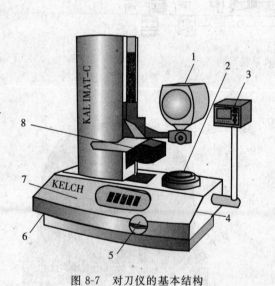

图 8-7　对刀仪的基本结构

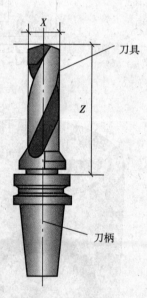

图 8-8　钻削刀具

　　钻削刀具的对刀操作过程如下：

　　(1) 将被测刀具与刀柄连接安装为一体；

　　(2) 将刀柄插入对刀仪上的刀柄夹持轴 2，并紧固；

　　(3) 打开光源发射器 8，观察刀刃在显示屏幕 1 上的投影；

　　(4) 通过快速移动单键按钮 4 和微调旋钮 5 或 6，可调整刀刃在显示屏幕 1 上的投影位置，使刀具的刀尖对准显示屏幕 1 上的十字线中心，如图 8-9；

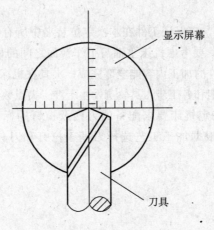

图 8-9　对刀

（5）测得 X 为 20.000，即刀具直径为 20.000 mm，该尺寸可用作刀具半径补偿；

（6）测得 Z 为 180.002，即刀具长度尺寸为 180.002 mm，该尺寸可用作刀具长度补偿；

（7）将测得尺寸输入加工中心的刀具补偿页面；

（8）将被测刀具从对刀仪上取下后，即可装上加工中心使用。

8.1.3　夹具系统

1. 夹具种类

在加工中心上常用的夹具类型有通用夹具、组合夹具、专用夹具、成组夹具等，在选择时要综合考虑各种因素，选择最经济、最合理的夹具。

常用的夹具有以下几种：

（1）螺钉压板

利用 T 形槽螺栓和压板将工件固定在机床工作台上即可。装夹工件时，需根据工件装夹精度要求，用百分表等找正工件。

（2）机用虎钳

加工形状比较规则的零件时常采用虎钳装夹，因其方便灵活、适应性广。当加工精度要求较高，需要较大的夹紧力时，可采用较高精度的机械式或液压式虎钳。虎钳在工作台上的安装要根据加工精度要求控制钳口与 X 轴或 Y 轴的平行度，零件夹紧时要注意控制工件变形和一端钳口上翘。

（3）卡盘

当需要加工回转体零件时，可以采用三爪卡盘装夹，对于非回转零件可采用四爪卡盘装夹。加工中心卡盘的使用方法与车床卡盘相似，在使用时用 T 形槽螺栓将卡盘固定在机床工作台上即可。

2. 夹具的选择

加工中心应根据制造零件的精度、批量大小、制造周期、制造成本等合理选择夹具。

夹具的一般选择原则是：首先考虑单件生产应尽量选用平口台虎钳、三爪卡盘、回转工作台、压板螺钉等通用夹具；其次考虑可调整夹具，最后选用专用夹具和成组夹具。组合夹具因具有灵活多变、万能性强的特点，可大大缩短生产准备周期，所以适用于多种不同的场合。

注意事项：安装工件时，应保证工件在本次定位装夹中所有需要完成的待加工面充分暴露在外，以方便加工。同时，要考虑机床主轴与工作台面之间的最小距离和刀具的装夹长度，确保在主轴的行程范围内工件的加工内容能全部完成；夹具在机床工作台上的安装位置必须给刀具运动轨迹留有空间，不能和各工步刀具轨迹发生干涉。夹点数量及位置不能影响刚性。

使用刀具时，首先应确定机床要求配备的刀柄及拉钉的标准和尺寸（这一点很重要，一般规格不同无法安装），根据加工工艺选择刀柄、拉钉和刀具，并将它们装配好，然后装夹在加工中心的主轴上。

8.2　加工中心的操作

加工中心在实际生产中应用十分广泛，本节以 TH5632C （FANUC-OMD） 系统为例介绍加工中心的操作。

8.2.1　加工中心的操作面板

1. 系统操作面板

系统操作面板即手动输入面板，是由 CRT（显示器）和操作键盘组成的，如图 8-10 所示。

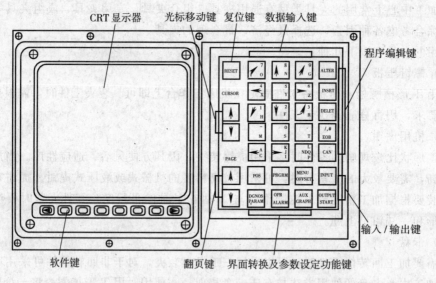

图 8-10　手动输入面板

数控系统操作面板控制键的功能如下：

【POS】：机床位置显示。在 CRT 上显示机床现在的坐标位置。

【PRGRM】：在 EDIT（编辑）方式下，用来显示和编辑存储器内的程序；在 MDI 方式下，输入和显示 MDI 数据；在机床运行时，用于显示正在或已经执行的程序段及下一程序段。

【MENU OFFSET】：偏置量设定与显示。刀具偏置量数值和宏程序变量的设置与显示。

【DGNQS PARAM】：自诊断参数。运用参数的设置，显示及诊断数据的显示。

【OPR ALARM】：报警号显示。按此键时显示报警。这些参数仅供维修人员使用，通常情况下禁止修改，以免出现设备故障。

【AUX GRAPH】：显示或输入设定，选择图形模拟方式。

【RESET】：复位键，它用于解除报警。在机床自动运行中，它的作用是停止机床的所有运动和动作，回复到初始状态。

【CURSOR】：光标移动键。光标移动键有两个，即【↓】键和【↑】键。【↓】键指将光标向下移动，【↑】键指将光标向上移动。

【INPUT】：输入键。它是指按地址键或数据键后，地址或数值输入缓冲器并显示在 CRT 上，再按【INPUT】键，则将缓冲器中的信息设置到偏置寄存器上。此键与软件键中的【INPUT】键等价。

【PAGE】：翻页键。它包括两种翻页键，即【↓】键和【↑】键。【↓】键为向后翻页，【↑】键为向前翻页。程序较长时分屏显示，也可按此键翻页。

【OUTPUT START】：输出启动键。按此键，CNC 开始输出内存中的参数或程序到外部计算机。

【ALTER】：程序修改键。

【INSRT】：程序插入键。

【DELET】：删除键。在编程时用于删除已输入的字符。

【/，♯，EOB】：符号键。在编程时用于输入符号，特别用于每个程序段的结束符号，其中【EOB】键能将程序段自动换行。

【CAN】：取消键。消除“输入缓冲器”中的文字或符号。例如，“输入缓冲器”中刚刚输入的字符是“N0001”，若按【CAN】键，“N0001”就被消除。与删除键相比较，删除键删除光标对应的字符，取消键则删除光标前的字符。

【　】：软件键。软件键按照用途可以给出多种功能。软件键的功能与 CRT 画面最下方显示的提示是相互对应的，且在不同的状态下有不同的功能。两头带三角符的键是翻屏键。

2. 机床操作面板

机床操作面板主要由操作模式选择开关、主轴转速倍率调整开关、进给速度倍率调整开关、快速移动倍率开关以及主轴负载表、各种指示灯、各种辅助功能选择开关和手轮等组成，如图 8-11 所示。

(1) NC 电源开关按钮

本机床的开关按钮位于 CRT/MDI 面板左侧的 NC 电源面板上，红色按钮为 NC 电源断开，绿色按钮为 NC 电源接通。

(2) 方式选择开关

一般有六种功能模式，并且通过旋转此开关进行选择。

①手动回零操作模式。首先切换轴选择开关，选择回参考点的轴，按相应轴【+】向的移动键，各轴自动执行回零操作。需要指出的是，在执行自动回零操作之前，各轴所处的位置距机床原点的距离不应小于 70 mm。如果回零距离不够，则将模式选择开关指向手轮模式，向参考点的负方向移动相应的轴，使期超过 70 mm。

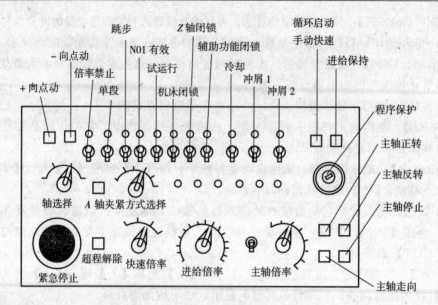

图 8-11　机床操作面板

②手动进给模式。手动轴选择开关用来选择手动方式下被手动的轴，即 X，Y，Z 或者 A（当有第四轴功能时）。

【+】、【-】按钮用于手动、点动方式下使被选择轴产生指定方向上的运动，或在返回参考点方式下启动被选择轴的参考点返回运动。

在手动点动方式下，主操作面板右上角的循环启动按钮又被用作手动快速按钮，按下该按钮的同时按【+】、【-】按钮，被手动轴的运动速度为快速速度。

超程解除按钮：当机床三轴中的任一轴超出行程范围，该轴的硬件超程开关动作时，机床便进入紧急停止状态，此时需要按住超程解除按钮解除紧急停止状态，并将超程轴手动开出超程区域。

手动换刀操作：按下主轴头上的松刀开关，可取下主轴上的刀柄或将刀柄装入主轴孔。

手动启动主轴：顺、逆时针旋转或停止主轴旋转。

③手轮移动机床模式。在此模式下用手轮移动轴选择开关选择要移动的轴，然后摇动手轮就可以使被选择轴移动。移动速度通过手轮速度调整开关调整，调整速度选择可分为 ×1，×10，×100 三挡，分别表示手轮旋转一格，相应轴的移动量分别为 0.001 mm，0.01 mm 和 0.1 mm。

④MDI 手动数据输入模式。在 MDI 方式下，可直接从面板上输入单个程序指令，被输入的程序段不被存入程序存储器，按循环启动键，可执行写入的程序指令。如果需要删除一个地址后面的数据，只需键入该地址，然后按【CAN】键，再按【INPUT】键即可。

⑤程序编辑模式。在【PROGRAM】显示模式下，编辑修改加工程序。

⑥程序自动运行模式。在此模式下，选择需要运行的加工程序，按下循环启动按钮，程序将连续自动运行。

（3）倍率开关

本机床有三个倍率开关，即自动进给倍率/手动进给速度开关、快速倍率开关和主轴倍率开关。

①自动进给倍率/手动进给速度开关在自动方式下用于给定自动进给速度的倍率，范围为 0%～150%。在手动点动方式下，该开关给定了手动、点动的进给速度，分别为 0 mm/min，2.0 mm/min，3.2 mm/min，5.0 mm/min，7.9 mm/min，12.6 mm/min，20 mm/min，32 mm/min，50 mm/min，79 mm/min，126 mm/min，200 mm/min，320 mm/min，500 mm/min，790 mm/min，1 260 mm/min。

②快速倍率开关用于给定 G00 及手动快速的速度和倍率。

③主轴倍率开关用于给定主轴转速的倍率。

(4) 选择功能开关及指示灯

主操作面板左上方有一排旋钮开关及指示灯，它们是机床的选择功能开关及相应的指示灯。

①倍率禁止。将该开关旋至上位，相应的指示灯被点亮。此时在自动方式下进给倍率开关将失去作用，所有进给运动的倍率将被固定在 100%。

②单段。将该开关旋至上位，相应的指示灯被点亮，此时在自动方式下的程序将被一段一段地执行，每个程序段执行完毕后机床便会停止，操作者按循环启动按钮时再执行下一个程序段。将该开关旋至下位时，自动方式下的程序将被连续执行。

③跳步。将该开关旋至上位，相应的指示灯被点亮，加工程序中前面有"/"符号的程序段将被跳过而不执行。该开关旋至下位时，加工程序中的符号"/"将被忽略。

④M01。将该开关旋至上位，相应的指示灯被点亮，加工程序中的 M01 被认为是具有和 M00 同样的功能。该开关置下位时，加工程序中的 M01 不起作用。

⑤试运行。将该开关旋至上位，相应的指示灯被点亮。此时，会使自动方式下运行的程序中的切削进给运动的 F 值被忽略，使这些切削进给运动以一个同样的进给速度进行。该功能用于验证加工程序的正确性，试运行的速度与手动点动的速度一致，由进给倍率开关确定。

⑥机床闭锁。将该开关旋至上位，相应的指示灯被点亮。此时，无论在自动方式下还是在手动方式下，各轴的运动都被锁住，给出运动指令时，显示的坐标位置正常变化，但实际机床没有任何动作。

⑦Z 轴闭锁。将该开关旋至上位，相应的指示灯被点亮。此时，任何 Z 轴的运动都被锁住，但 NC 显示的 Z 轴位置正常进行。

⑧辅助功能闭锁。将该开关旋至上位，相应的指示灯被点亮。此时，所有的辅助功能将被忽略而不执行。

(5) 自动操作开关

循环启动按钮用于在自动运行方式下开始加工程序的运行，或在编辑 (MDI) 方式下执行手动输入的可编程指令。程序自动运行时，循环启动按钮中的指示灯被点亮，以指示 NC 系统正在执行编程指令。

按下进给保持按钮可以在任何时候（攻丝循环时除外）暂停程序的执行并保持 NC 系统当前的状态，同时点亮进给保持按钮的红色指示灯，此时按循环启动按钮可以继续程序的执行。

(6) 主轴操作部件

主操作面板右下角的部分专为主轴操作所用。主轴转速已经被 S 指令给定的情况下，正转和反转按钮在手动方式下可以使主轴旋转，或者使在自动方式下被手动停止的主轴恢复原来的旋转。主轴转动时，会点亮相应转向的指示灯。定向按钮在手动方式下可以使主轴定向，主轴定向完成后，定向按钮中的指示灯被点亮。按主轴停止按钮，在任何方式下都可以使主轴立即减速停止。

（7）紧急停止

主操作面板左下角的红色按钮是紧急停止按钮，在紧急情况下按下该按钮可以使机床的全部动作立即停止，以避免事故的发生。按照按钮上箭头所示方向旋转按钮，则可以解除紧急停止状态。

（8）其他开关

主操作面板右边的开关是存储器程序保护开关。用钥匙将该开关置于解除位置时，可以对存储器的零件程序进行编辑。将该开关置于保护位置时，存储器中的零件程序不能被改变。

右下方的照明灯开关用于控制照明灯，当照明灯本身的开关被打开时，使用该开关可以控制照明灯的开和关。

照明灯开关的左面是冷却控制开关，它是一个带中间位置的旋钮开关。当该开关处于中间位置时，冷却被关闭；置于自动位置时，根据程序的指令决定冷却的开关状态；置于手动位置时，冷却直接被打开。

在主操作面板的中部，有一排指示灯，前面四个是参考点状态指示灯，当各轴返回参考点时，对应的指示灯被点亮。当返回第二参考点时对应的指示灯以一定的频率闪烁。参考点指示灯的右方是红色的报警指示灯，该灯闪烁时，说明有报警发生，CRT 上会显示报警的编号（可以查阅本书附录确定报警内容）。

3. 机床的通、断电

（1）机床的通电。首先在机床右侧的强电控制柜门被关紧的情况下顺时针旋转强电控制柜门上的总电源开关手柄以合上总电源开关，然后按动 NC 操作面板上绿色的【通】按钮，几秒钟后，CRT 显示屏上出现正常的操作画面后，通电操作便完成了。如果通电时急停按钮是被按下去的，则屏幕上会显示报警内容，报警指示灯闪烁，提示现在机床处于急停状态。这时可以松开急停开关，进行操作。

（2）机床的断电。机床断电以前，应先使机床的各部动作停止。如果需要停较长时间时，还应先将工作台移到中间位置，以避免工作台变形。以上工作完成后，可以使机床断电，断电步骤如下首先按动 NC 操作面板上红色的【断】按钮，然后逆时针方向旋转强电控制柜上的总电源开关手柄断开总电源。这样，机床断电的操作就完成了。

4. 程序的输入、编辑和存储

（1）新程序的注册

向 NC 的程序存储器中加入一个新的程序号的操作称为程序注册，操作方法如下：

①将方式选择开关置于【程序编辑】位。

②将程序保护钥匙开关置于【解除】位。

③按【PRGRM】键。

④键入地址"O"。

⑤输入程序号（数字）。

⑥按【INSRT】键。

（2）搜索并调出程序

搜索并调出程序有两种方法。

方法一：

①将方式选择开关置于【程序编辑】或于【自动运行】位。

②将程序保护钥匙开关置于【解除】位。

③键入地址"O"。

④键入程序号（数字）。

⑤按向下光标键（标有 CURSOR 的键）。

⑥搜索完毕后，被搜索程序的程序号会出现在屏幕的右上角。如果没有找到指定的程序号，则会出现报警。

方法二：

①将方式选择开关置【程序编辑】位。

②按【PRGRM】键。

③键入地址"O"。按向下光标键，所有注册的程序会依次被显示在屏幕上。

（3）插入一段程序

该功能用于输入或编辑程序，方法如下：

①用上面所述方法调出需要编辑或输入的程序。

②使用翻页键（标有 PAGE 的【↑】、【↓】键）和上下光标键（标有 CURSOR 的【↑】、【↓】键）将光标移动到插入位置的前字符下。

③键入需要插入的内容。此时键入的内容会出现在屏幕下方，该位置被称为输入缓存区。

④按【INSRT】键，输入缓存区的内容会被插入光标所在的词的后面，光标则移动到被插入的字符下。

当输入内容在缓存区时，使用【CAN】键可以删除缓存区的内容。程序段结束符"；"可使用【EOB】键输入。

（4）删除一段程序

删除一段程序的方法如下：

①利用上面所述方法调出需要编辑或输入的程序。

②使用翻页键（标有 PAGE 的【↑】、【↓】键）和上下光标键（标有 CURSOR 的【↑】、【↓】键）将光标移动到需要删除的字符下。

③键入需要删除内容的最后一个词。

④按【DELETE】键，从光标所在位置开始到被键入的词为止的内容全部被删除。

不键入任何内容直接按【DELETE】键，将删除光标所在位置的内容。如果被键入的词在程序中不止一个，则被删除的内容到距离光标最近的一个词为止；如果键入的是一个顺序号，则从当前光标所在位置开始到指定顺序号的程序段将全部被删除；如果键入一个程序号后按【DELETE】键，则指定程序号的程序将被删除。

（5）修改一个词

修改一个词的方法如下：

①利用上面所述方法调出需要编辑或输入的程序。

②使用翻页键（标有 PAGE 的【↑】、【↓】键）和上下光标键（标有 CURSOR 的【↑】、【↓】键）将光标移动到需要被修改的词下。

③键入替换该词的内容。

④按【ALTER】键，光标所在位置的词将被输入缓存区的内容替换。

（6）搜索一个词

搜索一个词的方法如下：

①将方式选择开关置"程序编辑"或"自动运行"位。

②调出需要搜索的程序。

③键入需要搜索的词。

④按向下光标键（标有 CURSOR 的【↓】键）向后搜索或按向上光标键（标有 CURSOR 的【↑】键）向前搜索，遇到第一个与搜索内容完全相同的词后，停止搜索并使光标停在该词下方。

5. 参数设置

（1）工件坐标系设定

按【OFFSET】键，进入工件坐标系显示页面（如果显示的不是工件坐标系，可以按相应的软键），使用翻页键（标有 PAGE 的【↑】、【↓】键），共可显示 6 个坐标系设置页面。用光标移动键指定要输入值的位置，键入对应的【X】、【Y】坐标以及 Z 坐标设定值，再按【INPUT】键，完成工件坐标系的设定。

（2）刀具补偿值的设定

按【MENU OFFSET】键，显示刀具偏置页面（如果显示的不是刀具偏置页面，可以按相应的软件键），使用翻页键（标有 PAGE 的【↑】、【↓】键）和上下光标键（标有 CURSOR 的【↑】、【↓】键）将光标移动到需要修改或需要输入的刀具偏置号前面，根据编程指定的刀具键入刀具半径补偿值，再按【INPUT】键，完成刀具半径补偿值的设定。

若按【NOQ】键后，键入刀具偏置号，再按【INPUT】键可以直接将光标移动到指定的刀具偏置号前（注意 NO. 键和字符 L，Q，P 是复用的）。

（3）刀具表的显示

本机床的刀具号（T 指令所指定刀号）与机床刀库的刀套号不是一一对应的，其对应关系用如下方法调出：

①将方式选择开关置 MDI 位。

②按【DGNOS PARAM】键，再按软件键诊断，显示屏上将显示 PMC 状态/参数页。

③按【NOQ】键，然后键入 400 再按【INPUT】键，这时就可以看到 PMC 中的刀具表部分。其中地址 D400 代表主轴上的刀具号，D430 代表当前换刀位刀具号，D401～D424 代表刀套中的刀具号。

6. 显示功能

（1）程序显示

当前的程序号和顺序号始终被显示在显示屏的右上角，除了 MDI 以外的其他方式，按【PRGRM】键都可以看到当前程序的显示。在程序编辑方式下，按 PRGRM 键选择程序显示功能。这时按【LIB】软件键显示出程序目录。在程序目录显示的时候按程序软件键可以显示程序文本。

（2）当前位置显示

位置的显示有三种方式，分别为绝对位置显示、相对位置显示和机床坐标系位置显示。绝对位置显示给出了刀具在工件坐标系中的位置，相对位置显示需要通过操作复位为零，建立一个观测用的坐标系。复位方法是：按【X】、【Y】、【Z】键，屏幕上相应的地址会闪烁，再按【CAN】键，闪烁的地址后面的坐标值就会变为零；机床坐标系位置显示给出了刀具在机床坐标系中的位置。

在有位置显示的页面下，按绝对软件键，将以大字显示绝对位置；按相对软件键，将以大字显示相对位置；按【ALL】软件键可以使三种位置方式同时在屏幕上以小字显示。在 MDI 或自动运行方式下，会看到屏幕上还有另外一种位置显示，该栏显示的是各轴的剩余运动量，即当前位置到指令位置的距离。

按【POS】键会使位置显示变为全屏幕方式。

（3）报警显示

NC 或 PMC 出现报警时，屏幕会自动切换到报警显示页面，并给出报警号，还会有英文报警内容。报警是向操作者提供警示信息、报告程序的错误或者机床的故障。

8.2.2 加工中心的对刀方法

1. 加工中心的 Z 向对刀

加工中心的 Z 向对刀一般有以下三种方法：

（1）机上对刀方法一

这种对刀方法是通过对刀依次确定每把刀具与工件在机床坐标系中的相互位置关系。其具体操作步骤如下（如图 8-12 所示）：

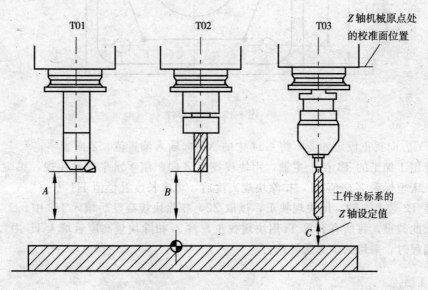

图 8-12　机上对刀方法一

①把刀具长度进行比较，找出最长的刀作为基准刀，进行 Z 向对刀，并把此时的对刀值（C）作为工件坐标系的 Z 值，此时 H03＝0。

②把 T01 号，T02 号刀具依次装在主轴，通过对刀确定 A 和 B 的值作为长度补偿值。

③把确定的长度补偿值填入设定页面，正、负号由程序中的 G43 和 G44 来确定，当采用 G43 时，长度补偿为负值。

这种对刀方法的对刀效率和精度较高，投资少，但工艺文件编写不便，对生产组织有一定影响。

（2）机上对刀方法二

这种对刀方法的具体操作步骤如下（见图 8-13）：

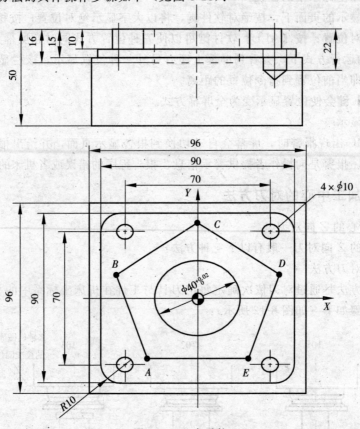

图 8-13　凸台零件

①XY 方向找正设定如前，将 G54 中的 XY 向输入偏置值，Z 向置零。

②将用于加工的 T1 换上主轴，用块规找正 Z 向，用手水平移动块规，感觉松紧合适后读取机床坐标系 Z 向值 Z1，扣除块规高度后，填入长度补偿值 H1 中。

③将 T2 装上主轴，用块规找正，读取 Z2，扣除块规高度后填入 H2 中。

④依此类推，将所有刀具 Ti 用块规找正，将 Zi 扣除块规高度后填入 Hi 中。

⑤编程时，采用如下方法补偿：

T1；

G91　G30　Z0；

　　　M06；

G43　H1；

G90　G54　G00　X0　Y0；

　　　Z100；

······（以上为一号刀具的走刀加工，直至结束）

　　　　T2；

G91　G30　Z0；

　　　　M06；

G43　H2；

G90　G54　G00　X0　Y0；

　　　　Z100；

······（二号刀的全部加工内容）

······ M5；

　　　　M30；

（3）机外刀具预调＋机上对刀

这种对刀方法是：先在机床外利用刀具预调仪精确测量每把刀具的轴向和径向尺寸，确定每把刀具的长度补偿值，然后在机床上用最长的一把刀具进行 Z 向对刀，确定工件坐标系。这种对刀方法对刀精度和效率高，便于工艺文件的编写及生产，但投资较大。

2. 对刀数据的输入

（1）根据以上操作得到的对刀数据，即编程坐标系原点在机床坐标系中的 X，Y，Z 值，要用手动方式输入到 G54～G59 中存储起来。操作步骤如下：

①按【MENU OFFSET】键。

②按光标移动键到工件坐标系 G54～G59。

③按【X】键输入 X 坐标值。

④按【INPUT】键。

⑤按【Y】键输入 Y 坐标值。

⑥按【INPUT】键。

⑦按【Z】键输入 Z 坐标值。

⑧按【INPUT】键。

（2）刀具补偿值一般采用 MDI（手动数据输入）方式在程序调试前输入机床中。一般操作步骤如下：

①按【MENU OFFSET】键。

②按光标移动键到补偿号。

③输入补偿值。

④按【INPUT】键。

8.3　加工中心加工实例

例 8-1　五边形凸台加工实例

（1）零件图分析

如图 8-13 所示凸台零件图，毛坯是经过预先铣削加工过的规则合金铝材，尺寸为

96 mm×96 mm×50 mm。按图样要求加工 90 mm×90 mm 见方、五边形、4×φ10 mm
孔、$\phi 40_{0}^{+0.02}$ mm 孔。

（2）工艺分析

①装夹方案的确定。本例中的毛坯很规则，采用平口钳装夹即可。

②刀具选择及预调对刀。在本例中选择了四种刀具：φ3 mm 中心钻用于打定位孔；
φ10 mm 钻头用于加工孔；其余加工采用立铣刀，考虑到排屑情况粗加工采用双刃铣刀，
精加工采用四刃铣刀，并完成预调对刀。刀具测定值及补偿设定值如表 8-3 所示；四边
形、五边形及圆形加工如图 8-14 所示。

表 8-3 中对同一刀具采用了不同的刀径补偿值，其目的是为了逐步切除加工余量，是
加工中心常采用的一种切削方法。对于钻头类刀具，不需要测定直径方向的值，但要注意
两切削刃是否对称等问题。将表 8-3 中的数值输入控制装置内存的刀补表（OFFSET）中，
以备切削加工时使用。测量完毕的刀具就可以装在刀库上，安装时注意把刀具装到刀库的
对应位置上，具体对应关系可查阅刀具诊断地址表。

表 8-3　　　　　　　　　　　　　　　　刀具补偿值

刀具号码	刀具名称	刀长测定值/mm	刀径测定值	刀长补偿码	刀长补偿值/mm	刀径补偿码	刀径补偿值/mm
T01	φ20 二刃铣刀	145.85	φ20.005	H01	145.85	D11 D12	10.002 22.0
T02	φ16 四刃铣刀	170.51	φ16.036	H02	170.51	D21 D22	8.018 8.038
T03	φ3 中心钻	150.15		H03	150.15		
T04	φ10 钻头	240.55		H04	240.55		

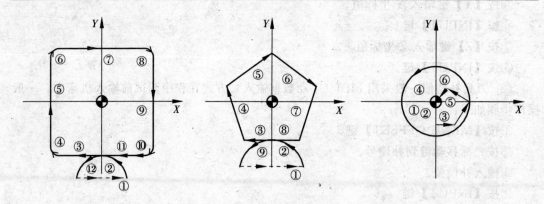

　　(a)四边形外轮廓加工路线　　　　(b)五边形外轮廓加工路线　　　　(c)圆形内轮廓加工路线

图 8-14　加工路线

（3）确定加工坐标原点

加工坐标原点定为零件中心上表面。

（4）数据查询

利用 CAD 软件查询基点坐标可知，各基点坐标分别为：A（−23.512，−31.944）、
B（−37.82，12.36）、C（0，40）、D（37.82，12.36）、E（23.512，−31.944）。

（5）编写加工程序

程序				说明

O0801　　　　　　　　　　　　　　　　　　　　　　　　　（第 801 号程序）

T01；

M98　　　P8999；　　　　　　　　　　　　　　　（调 O8999 号子程序——交
　　　　　　　　　　　　　　　　　　　　　　　　换刀具子程序）

G00　　　G17；　　　　　　　　　　　　　　　　（粗加工）

　　　　　M03　　　S796　　　H01　　　T02；

　　　　　M98　　　P8998；　　　　　　　　　（调 O8998 号子程序——刀
　　　　　　　　　　　　　　　　　　　　　　　　具接近加工子程序）

　　　　　Y－60.0；

　　　　　Z5.0；

G01　　　Z－14.8　　F200；

　　　　　D11　　　F318；

　　　　　M98　　　P2001；　　　　　　　　　（调 O2001 号子程序——加
　　　　　　　　　　　　　　　　　　　　　　　　工四边形子程序）

　　　　　Z－9.8

　　　　　D12；

　　　　　M98　　　P2002；　　　　　　　　　（调 O2002 号子程序——加
　　　　　　　　　　　　　　　　　　　　　　　　工五边形子程序）

　　　　　Z10.0；

　　　　　X0　　　Y0；

G01　　　Z－15.8　　F200；　　　　　　　　（加工圆）

　　　　　X9.8　　　F318；

G03　　　I－9.8；

G01　　　X0；

G00　　　Z100.0；

　　　　　M98　　　P8999；　　　　　　　　　（调 O8999 号子程序——交
　　　　　　　　　　　　　　　　　　　　　　　　换刀具）

　　　　　M03　　　S1194　　H02　　　T03；
　　　　　　　　　　　　　　　　　　　　　　　　（精加工）

　　　　　M98　　　P8998；

　　　　　Y－60.0；

　　　　　Z5.0；

G01　　　Z－15.0　　F200；

　　　　　D21　　　F239；

　　　　　M98　　　P2001；　　　　　　　　　（调 O2001 号子程序——加
　　　　　　　　　　　　　　　　　　　　　　　　工四边形子程序）

　　　　　Z－9.9；

```
          D22;
          M98        P2002;                    （调 O2002 号子程序——加
                                                工五边形子程序）
          Z－10.0;
          D21;
          M98        P2002;
          Z10.0;
          X0         Y0;
G01       Z－15.9    F200;
          D22;
          M98        P2003;                    （调 O2003 号子程序——加
                                                工圆形子程序）
          Z－16.0;
          D21;
          M98        P2003;
G00       Z100.0;
          M98        P8999;
          M03        S3135     H03     T04;    （中心孔加工）
          M98        P8998;
G90       G98        G81     X－35.0   Y－35.0   Z－18.0
                                                R－5.0    F200;
          Y35.0;
          X35.0;
          Y－35.0;
G80       X0         Y0;
          M98        P8999;
          M03        S1659     H04     T99;    （孔加工）
          M98        P8999;
G90       G98        G73     X－35.0   Y－35.0   Z－25.0
                                                R－5.0    Q5.0     F200;
          Y35.0;
          X35.0;
          Y－35.0;
G00       G80        X0      Y0;
M30;                                            （程序结束）
O2001                                           （四边形子程序，加工路线
                                                如图 8-14 (a) 所示）
G90       G00        G41     X15.0;
G03       X0         Y－45.0   R15.0;
```

G01	X－35.0;		
G02	X－45.0	Y－35.0	R10.0;
G01	Y35.0;		
G02	X－35.0	Y45.0	R10.0;
G01	X35.0;		
G02	X45.0	Y35.0	R10.0;
G01	Y－35;		
G02	X35	Y－45	R10;
G01	X0;		
G03	X－15.0	Y－60.0	R15.0;
G00	G40	X0;	
M99;			
O2002			（五边形子程序，加工路线 如图 8-14（b）所示）

G90	G00	G41	X28.056;
G03	X0	Y－31.944	R28.056;
G01	X－23.512;		
	X－37.82	Y12.36;	
	X0	Y40;	
	X37.82	Y12.36;	
	X23.512	Y－31.944;	
	X0;		
G03	X－28.056	Y－60.0	R28.056;
G00	G40	X0;	
M99;			
O2003			（圆形子程序，加工路线如 图 8-14（c）所示）

G90	G01	G41	X9.0	Y－10.0	F239;
	X10.0;				
G03	X20	Y0	R10;		
	I－20.0;				
	X10.0	Y10.0	R10.0;		
G01	G40	X0	Y0;		
M99;					
O8998					（刀具接近加工子程序）

G90	G54	X0	Y0;	
G43	Z100.0	M08;		
M99;				
O8999				（交换刀具子程序）

```
            M09；
G91     G30         Z0              M05；
G49     M06；
M99；                 （返回主程序）
```

（6）程序校验

把程序输入机床，并进行程序校验，以检查程序的正确性，若有错误则改正。

（7）对刀

由于刀具的长度及刀具的半径已在刀具预调仪上测出，对刀时应用前述对刀方法之三（机外刀具预调＋机上对刀）对刀，即在机床上用最长的一把刀具进行 Z 向对刀，确定工件坐标系的 Z 值。

注意：工件坐标系的 Z 值＝对刀时机床坐标系的显示值－刀具长度值。

其余各刀的长度补偿值及半径补偿值，直接填入补偿的设定页面即可。

（8）切削加工

实际加工工件时，应根据实测后的工件尺寸，对加工程序及刀具补偿值进行适当的修改。

例 8-2　加工如图 8-16 所示的平面凸轮轮廓，毛坯材料为中碳钢，尺寸如图 8-16 所示。零件图中 23 mm 深的半圆槽和外轮廓不加工，只讨论凸轮内滚子槽轮廓的加工程序。

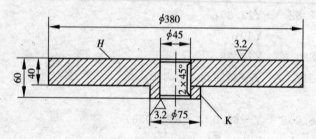

图 8-15　凸轮毛坯

（1）工艺分析

装夹：以 $\phi45$ mm 的孔和 K 面定位，用专用夹具装夹。

刀具：用三把 $\phi25$ mm 的四刃硬质合金锥柄端铣刀，分别用于粗加工（T03）、半精加工（T04）和精加工（T05）。为保证顺利下刀到要求的槽深，要先用钻头钻出底孔，然后再用键槽铣刀将孔底铣平，因此还要一把 $\phi25$ mm 的麻花钻（T01）和一把 $\phi25$ mm 的键槽铣刀（T02）。

工步：为达到图纸要求的表面粗糙度，我们需分粗铣、半精铣、精铣三个工步完成加工。半精铣和精铣单边余量分别为 0.1～1.5 mm 和 0.1～0.2 mm。在安排上，根据毛坯材料和机床性能，粗加工分两层加工完成，以避免 Z 向吃刀过深。半精加工和精加工不分层，一刀完成。刀具加工路线选择顺铣，这样可避免在粗加工时发生扎刀划伤加工面，而且在精铣时还可以提高表面光洁程度。

切削参数：根据毛坯材料、刀具材料和机床特性，选择如表 8-4 所示的切削参数。

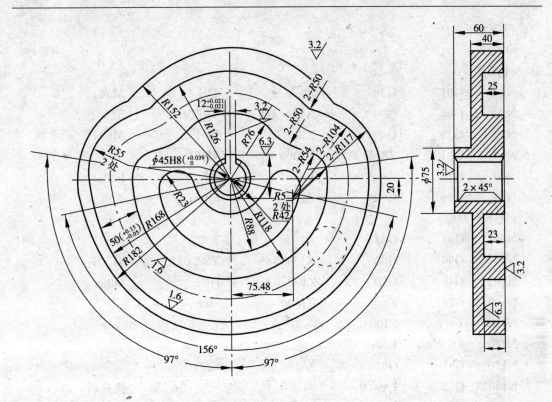

图 8-16　凸轮零件

表 8-4　　　　　　　　　　　　　　　切削参数

加工要求	主轴转速（r/min）	进给速度（mm/min）
粗加工	400～450	20～30
半精加工	450～500	30～40
精加工	600	50

（2）数据计算

选择 $\phi 45$ mm 孔的中心为编程原点，考虑到该零件关于 Y 轴对称，因此只计算＋X 一侧的基点坐标即可。计算时使用计算机绘图软件求出，如图 8-17 所示。

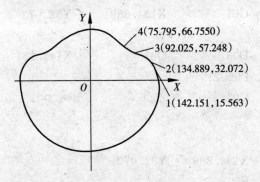

图 8-17　凸轮计算点

程序如下：

O0802 主程序

（钻底孔）

N10	G91	G28	Z0	T01	M06;
N20	G90	G00	X134.889	Y32.072	S250;
N30	G43	G00	Z100.0	H01	M03;
N40	G01	Z2.0	F1000	M08;
N50	G73	Z-25.0	R2.0	Q2.0	F25;
N60	G80	G00	Z250.0	M09;

（铣平下刀位）

N70	G91	G28	Z0	T02	M06;
N80	G90	G00	X134.889	Y32.072	S250;
N90	G43	G00	Z100.0	H02	M03;
N100	G01	Z2.0	F1000	M08;
N110	Z-20.0	F100;
N120	Z-25.0	F20;
N130	G91	G01	X5.0	F20;
N140	G02	I-5.0;		铣整圆
N150	G01	X-5.0	F100;
N160	G90	G00	Z250.0	M09;

（粗铣第一层）

N170	G91	G28	Z0	T03	M06;
N180	G90	G00	X134.889	Y32.072	S400;
N190	G43	Z100.0	H03	M03;
N200	G01	Z5.0	F1000	M08;
N210	Z-12.5	F100;
N220	G42	D03	G01	X92.025	Y57.248	F30;

半径补偿 11.5 mm

N230	M98	P0001;
N240	G40	G01	X134.889	Y32.072	F100;
N250	M01;
N260	G42	D03	G01	X142.151	Y15.563	F30;
N270	M98	P0002;
N280	G40	G01	Z5.0	F1000;
N290	M01;

（粗铣第二层）

N300	G01	X134.889	Y32.072;
N310	Z-25.0	F50;
N320	G42	D03	G01	X92.025	Y57.248	F30;

N330	M98	P0001;			
N340	G40	G01	X134.889	Y32.072	F100;
N350	M01;				
N360	G42	D03	G01	X142.151	Y15.563	F30;
N370	M98	P0002;			
N380	G40	G01	Z5.0	F1000;	
N390	M01;				

（半精铣）

N400	G91	G28	Z0	T04	M06;
N410	G90	G00	X134.889	Y32.072	S400;
N420	G43	G00	Z100.0	H04	M03;
N430	G01	Z5.0	F1000	M08;	
N440	Z-25.0	F100;			
N450	G42	D04	G01	X92.025	Y57.248	F30;

半径补偿 12.35 mm

N460	M98	P0001;			
N470	G40	G01	X134.889	Y32.072	F100;
N480	M01;				
N490	G42	D04	G01	X142.151	Y15.563	F30;
N500	M98	P0002;			
N510	G40	G01	Z5.0	F1000;	
N520	G00	Z200.0	M09;		

（精铣）

N530	G91	G28	Z0	T05	M06;
N540	G90	G00	X134.889	Y32.072	S400;
N550	G43	G00	Z100.0	H05	M03;
N560	G01	Z5.0	F1000	M08;	
N570	Z-25.0	F100;			
N580	G42	D05	G01	X92.025	Y57.248	F30;

半径补偿 12.35 mm

N590	M98	P0001;			
N600	G40	G01	X134.889	Y32.072	F100;
N610	M01;				
N620	G42	D05	G01	X142.151	Y15.563	F30;
N630	M98	P0002;			
N640	G40	G01	Z5.0	F1000;	
N650	G00	Z200.0	M09;		
N660	M30;				
O0001					

外侧轮廓逆时针子程序

N10	G02	X75.795	Y66.755	R30;
N20	G03	X-75.795	Y66.755	R101;
N30	G02	X-92.025	Y57.248	R30;
N40	G03	X-134.889	Y32.072	R79;
N50	G03	X-142.151	Y15.563	R30;
N60	G03	X142.151	Y15.563	R-143;
N70	G03	X134.889	Y32.072	R30;
N80	G03	X92.025	Y57.248	R79;
N90	M99;			
O0002				内侧轮廓顺时针子程序
N10	G02	X-142.151	Y15.563	R-143;
N20	G02	X-134.889	Y32.072	R30;
N30	G02	X-92.025	Y57.248	R79;
N40	G03	X-75.795	Y66.755	R30;
N50	G02	X75.795	Y66.755	R101;
N60	G03	X92.025	Y57.248	R30;
N70	G02	X134.889	Y32.072	R79;
N80	G02	X142.151	Y15.563	R30;
N90	M99;			

[思考与练习]

8-1　简述数控加工中心的主要功能。

8-2　简述数控加工中心的主要加工范围。

8-3　在加工中心中换刀基本步骤是什么？应该注意的是什么？

8-4　多把刀具的对刀操作如何进行？

8-5　MDI 工作方式的操作步骤如何？

8-6　简述自动换刀装置的操作。

8-7　急停按钮有何作用？如何解除急停状态？

参 考 文 献

1. 陈天祥. 数控加工技术及编程实训. 北京：清华大学出版社，北京交通大学出版社，2005
2. 秦启书. 数控编程与操作. 西安：西安电子科技大学出版社，2006
3. 宋放之等. 数控工艺培训教程（数控车部分）. 北京：清华大学出版社，2003
4. 杨伟群等. 数控工艺培训教程（数控铣部分）. 北京：清华大学出版社，2002
5. 宋小春等. 数控车床编程与操作. 广州：广东经济出版社，2003
6. 翟瑞波. 数控机床编程与操作. 北京：中国劳动社会保障出版社，2004
7. 袁峰. 全国数控大赛试题精选. 北京：机械工业出版社，2005
8. 李宏胜. 机床数控技术及应用. 北京：高等教育出版社，2001
9. 徐长寿，朱学超. 数控车床. 北京：化学工业出版社，2005
10. 于春生，韩旻. 数控机床编程及应用. 北京：高等教育出版社，2001
11. 周宏甫. 数控技术. 广州：华南理工大学出版社，2003
12. 马立克，张丽华. 数控编程与加工技术. 大连：大连理工大学出版社，2004
13. 李超. 数控加工实例. 沈阳：辽宁科学技术出版社，2005
14. 方沂. 数控机床编程与操作. 北京：国防工业出版社，1999
15. 孙东阳. 数控编程. 南京：南京大学出版社，1993
16. 李福生. 实用数控机床技术手册. 北京：北京出版社，1993
17. 孙竹. 数控机床编程与操作. 北京：机械工业出版社，1996
18. 毕承恩，丁乃建. 现代数控机床. 北京：机械工业出版社，1991
19. 陈志雄. 数控机床与数控编程技术. 北京：电子工业出版社，2003
20. 郭文成. 数控原理. 北京：机械工业出版社，1997
21. 吴祖育，秦鹏飞. 数控机床. 上海：上海科学技术出版社，1990
22. 王永章. 机床的数字控制技术. 哈尔滨：哈尔滨工业大学出版社，1995
24. 鞠全勇. 数控技术. 成都：成都科技大学出版社，1997
25. 楼建勇. 数控机床与编程. 天津：天津大学出版社，1998
26. 黄尚先. 现代机床数控技术. 北京：机械工业出版社，1996
27. 许兆丰. 数控车床编程与操作. 北京：中国劳动社会保障出版社，1993
28. 唐健. 数控加工及程序编制基础. 北京：机械工业出版社，1998
29. 顾京. 数控机床加工程序编制. 北京：机械工业出版社，2004